교실 밖에서 배우는

인체 와
의학 상식

교실 밖에서 배우는
인체와 의학상식

찍은 날 2007년 5월 25일
펴낸 날 2007년 5월 31일

지은이 윤 실
펴낸이 손영일

펴낸곳 전파과학사
출판등록 1956. 7. 23 (제10-89호)
주 소 120-824 서울 서대문구 연희2동 92-18
전 화 02-333-8877, 8855
팩 스 02-334-8092
홈페이지 www.s-wave.co.kr
E-mail s-wave@s-wave.co.kr
chonpa2@hanmail.net
ISBN 978-89-7044-257-0 43400

교실 밖에서 배우는

인체 와
의학 상식

지은이 **윤 실** (이학박사)

전파과학사

머 릿 말

  자연의 신비와 법칙은 살아가는데 필요한 중요한 지식입니다. 미래의 주인이 될 청소년들의 머리 속은 자연에 대한 의문으로 가득합니다. 좋은 질문은 훌륭한 대답보다 더 값지답니다. 왜냐하면 지금 생각하는 의문이 미래의 세계를 창조하는 힘이 될 것이기 때문입니다. 독자들의 질문은 늘 새롭고 진지합니다. 그러한 의문의 상당 부분은 간단히 대답해줄 수 있지만, 어떤 것은 아직 연구 중에 있거나, 지금까지 누구도 가져보지 않은 신선한 내용이기도 합니다.

  신체와 건강에 대해 바른 지식을 가지면 과학 과목 전부가 재미있어집니다. 청소년의 질문 내용은 "재채기는 왜 나는가?" 하는 것에서부터, "혈액형은 왜 다른가?", "잠자는 동안 꿈은 왜 꾸는가?" 등에 이르기까지 내용과 범위에 제한이 없습니다.

  과학의 의문과 대답을 소개한 과학책 종류는 많습니다. 그러나 과학의 진보에 따라 질문 내용과 대답도 변화합니다. 서점이나 도서관에 있는 과학 질문과 관련된 책 중에는 과거의 내용을 담은 것이 많습니다. 청소년들은 의문의 해답을 인터넷 속에서 찾기도 합니다. 그러나 인터넷에 실린 것은 내용이 혼란스럽고, 잘못된 것이 자주 발견되며, 이해가 어려운 설명도 흔합니다.

  과학은 끊임없이 발전합니다. 오늘 옳다고 믿은 것이 내일에는 바뀌는 경우가 허다합니다. 과학 중에 의학의 발전은 더욱 눈부십니다. 새로운진단 기술, 암 치료법, 유전자 과학, 줄기세포에 대한 연구, 전자기술의 발전에 따른 로봇을 이용한 수술, 인공장기, 인공감각을 가진 의수와 의족의 개발 등은 대표적인 첨단 의학 분야입니다.

  '교실 밖에서 배우는 인체와 의학 상식'은 우리 몸에서 일어나는 각종 현상 180여 가지 의문에 대한 대답을 글과 사진을 통해 이해하기 쉽게 소개합니다. 전파과학사가 새롭게 기획하여 발간하는 〈과학상식〉 시리즈가 청소년들의 사랑을 받아, 독자들이 훌륭한 미래의 과학자로 성장하는데 중요한 역할을 하기 바랍니다.

지은이

차 례

제1장 인체의 신비한 보호 반응

제2장 혈액, 혈관, 출혈의 의학 상식

제3장 내 몸의 모습은 왜 이럴까?

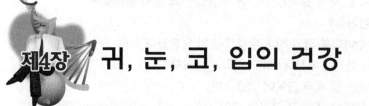

제4장 귀, 눈, 코, 입의 건강

제5장　혀, 이빨, 목, 음성

제6장　얼굴과 피부에서 일어나는 현상

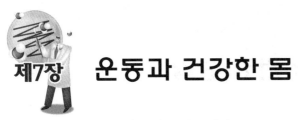

제7장 운동과 건강한 몸

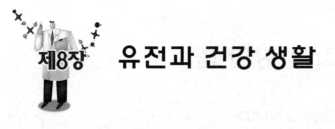

제8장 유전과 건강 생활

제1장
인체의 신비한 반응

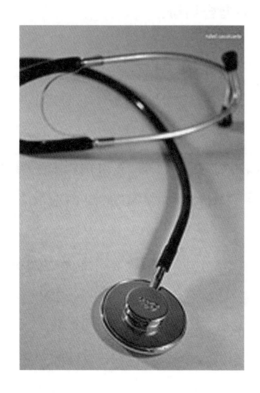

배고픔, 물을 마시고 싶은 갈증, 피곤할 때 느껴지는 졸음, 방광이 찼을 때 느껴지는 오줌 마려움, 변을 보고 싶은 변의(便意), 아이스크림이나 빙수를 계속해서 급히 먹을 때 앞머리 좌우가 심하게 아파지는 현상, 갑자기 달리기를 하면 얼마 못 가서 옆구리가 결리고 가슴이 아프며 숨이 끊어질 듯한 통증, 이런 현상은 모두 우리 몸이 스스로를 지키는 훌륭한 방법입니다. 만일 이런 안전장치가 없다면 우리는 생명을 잃기 쉽습니다.

질문 1. 다리에 갑자기 쥐(경련)가 나는 이유는 무엇인가요?
응급처치는 어떻게 하나요?

사람이 몸을 움직일 수 있는 것은 근육이라는 조직이 있기 때문입니다. 근육의 세포는 신경세포와 연결되어 있으며, 신경의 조절에 따라 움직이도록 되어 있습니다.

쥐는 근육의 갑작스런 경련을 말합니다. 이런 근육 경련은 격심한 운동을 할 때 주로 발생하는데, 장단지만 아니라 다른 근육에서도 일어납니다. 준비운동을 적게 하고 수영이나 다른 과격한 운동을 할 때라든가, 근육이 지쳐 있을 때, 또는 꿈을 꾸면서 어떤 동작을 갑자기 할 때도 일어나지요. 때로는 땀을 많이 흘리거나 설사를 하여 몸의 수분을 심하게 잃었을 때도 쥐가 날 수 있습니다. 쥐가 나면 심한 아픔과 함께 근육을 움직일 수 없게 됩니다.

쥐가 나는 원인은 정확하게 알려지지 않았습니다. 다만 근육이나 신경세포 속의 수분(전해질) 조절에 이상이 생긴 것으로 생각하고 있습니다. 우리의 근육은 잡아당기는 근육과 반대로 푸는 근육으로 이루어져 있기 때문에 폈다 오므렸다 하고, 비틀었다 바로했다 할 수 있습니다.

쥐를 푸는 간단한 방법은, 근육이 수축(오그라드는)되는 방향과 반대 방향으로 근육을 강하게 당겨주어 본래 상태가 되도록 하는 것입니다. 예를 들어 달리기를 하거나 수영 중에 장단지에 근육 수축이 일어나면, 두 손으로 발끝을 잡고 몸쪽으로 경련이 멈출 때까지 꾹 당겨주어야 하지요.

그 외에 손으로 주무르거나(마사지), 더운 수건으로 근육을 싸서 풀어주도록 합니다. 심하게 쥐가 나고 나면 그 자리의 근육이 아프지만 시간이 지나면 풀어집니다. 운동 중이나 잠자다가 쥐가 느껴지면, 곧 자세를 바르게 하여, 반대쪽으로 근육을 당기고 주물러 더 이상 진행되지 않도록 합니다.

사진 1.
격심한 운동 중에 또는 갑자기 손이나 발 또는 목을 크게 움직일 때 근육이 비틀리는 듯 아픈 쥐가 발생합니다. 쥐가 나지 않도록 하려면 운동을 시작하기 전에 준비운동을 충분히 하고, 갑자기 큰 근육을 움직이지 않토록 합니다.

질문 2. 손이나 다리가 불편한 자세로 오래 있으면 저려지는 이유는 무엇입니까?

무릎을 꿇은 자세로 앉아 있으면 얼마 지나지 않아 다리가 저려오기 시작합니다. 만일 너무 오래 있었다면 저림이 심하여 한동안 일어설 수도 없지요. 잠자는 중에 몸 아래에 팔을 깐 자세로 오래 있어도 팔이 저립니다.

혈관은 온 몸의 세포에 산소와 영양을 담은 혈액을 운반합니다. 만일 나쁜 자세로 혈관이 오래도록 눌려 있으면, 그 부분에 혈액이 공급되지 못하는 상태가 됩니다. 이럴 경우 짓눌려 있는 부분의 신경세포에도 산소가 공급되지 않으면서 노폐물이 빠져나가지 않아, 신경은 여러개의 바늘로 동시에 찌르는 듯한 통증(저림)을 느끼게 됩니다.

저림은 "자세가 나쁘니 바로 하세요!" 하는 안전을 알리는 경보의 하나입니다. 저릴 때 자세를 바르게 하여 혈액순환이 잘 되도록 하면 고통은 차츰 사라집니다.

사진 2.
불편한 자세로 오래 앉아있거나 잠들면 팔이나 다리에 혈액이 잘 흐르지 않아, 산소와 영양이 공급되지 못하기 때문에 저리게 됩니다.

질문 3. 식사 때가 되면 왜 배가 고파지나요?

위 안이 텅 빈 상태가 일정 시간 계속되거나, 맛있는 음식 냄새를 맡거나 하면 우리는 배고픔을 느낍니다. 뱃속이 비어 있어도 공복감을 느끼지 않는다면, 음식을 제때 먹지 않아 건강을 해치기 쉽습니다.

신경은 피부, 근육, 눈, 코, 귀, 입에만 있는 것이 아니라 위, 심장, 방광, 대장 등의 장기에도 뻗어 있습니다. 각 곳의 신경은 위험 상황을 느끼면 곧 뇌에 자극을 보내 위험에 대처하도록 해줍니다.

위의 벽은 튼튼한 근육으로 둘러싸여 있고, 벽 내부는 많은 주름이 있습니다. 위에 음식이 들어오면, 위벽에 있는 샘에서 소화액이 분비되고, 위벽은 수축운동을 시작하여 음식이 소화액과 골고루 섞여 잘게 부서지도록 합니다. 위 안의 음식이 죽처럼 되면, 위와 작은창자 사이를 막고 있던 유문(幽門)이 열려 소화된 것이 작은창자로 내려가게 됩니다. 이렇게 하여 위 안이 비고 나면, 얼마 안가 위는 배고픔을 느끼기 시작합니다.

사진 3.
뱃속이 비면 배가 고파집니다.
시장할 때 맛있는 음식 냄새를 맡으면
더욱 심한 공복감을 느낍니다.

질문 4. 빙수나 아이스크림을 급하게 먹으면 왜 심한 두통이 오나요?

우리는 뱃속이 비면 배고픔을 느끼고, 물을 마시지 못하면 갈증을 느끼며, 고단하면 잠이 옵니다. 이런 현상은 몸의 건강을 지켜주는 인체의 안전장치입니다. 만일 몸에 수분이 없어도 갈증을 느끼지 않는다면 탈수현상으로 생명을 잃을 것입니다.

빙수를 몇 숟가락 연달아 입안에 떠 넣고 삼키면, 머리 앞쪽이 견딜 수 없게 아파오기 때문에 우리는 먹기를 한참 멈추어야 합니다. 이런 두통을 일반적으로 '빙수 두통'이라 합니다. 만일 빙수나 아이스크림을 마구 퍼먹어도 이런 빙수 두통이 오지 않는다면, 우리는 생명을 잃거나 뇌에 큰 손상을 입을 것입니다.

왜냐하면, 연달아 찬 음식을 퍼 넣으면, 입천장 바로 위에 있는 혈관을 냉각시켜 혈액이 잘 흐르지 못하도록 만듭니다. 입천장 위의 혈관으로는 뇌세포의 활동에 필요한 혈액이 지나가고 있습니다. 만일 이 혈관이 저온의 영향을 받아 장시간 수축된다면, 뇌에 혈액이 충분히 공급되지 않아 뇌에 이상을 일으킬 것입니다.

입천장에는 뇌로 보내야 할 혈액의 양을 조절하는 신경이 있습니다. 우리 뇌는 공부를 하거나 시험을 치르거나 할 때는, 쉬거나 잘 때보다 많은 산소를 소비한답니다. 그럴 때는 혈관을 넓혀 충분한 피가 흐르도록 하지요.

입안으로 찬 빙수가 계속해서 들어오면, 입천장에 있는 신경이 그런 위험을 알고, 방어 대책으로 두통을 일으킵니다. 견디기 어려운 이 두통은 더 이상 찬 것을 계속하여 먹지 못하도록 하는 안전 조치이며, 1분 정도 계속되다가 쉽게 사라집니다.

찬 음식이나 음료수를 먹다가 빙수 두통이 느껴지면, 곧 먹기를 중단하고 혓바닥을 입천장에 붙여 따뜻하게 해주면 사라집니다. 두통이 없어진 뒤 아이스크림을 계속해서 먹으면, 그때부터는 두통이 잘 생기지 않습니다. 그 이유는, 그 사이에 입천장의 혈관이 확장되어 피가 잘 흐르게 된 때문입니다.

사진 4.
빙수나 아이스크림 등 찬 음식을 급히 먹거나 마시면 견딜 수 없는 두통이 생겨납니다. 이를 '빙수 두통'이라 하며, 뇌로 가는 혈액의 온도가 낮아진 때문에 발생합니다.

질문 5. 구토는 어떤 때 납니까?

음식을 먹으면 위를 거쳐 소장과 대장을 지나는 동안 소화되어 영양분과 수분은 흡수되고, 남은 찌꺼기는 대변 상태로 배출됩니다. 그래서 대변에는 소화되지 못하는 섬유질이 많이 포함되어 있습니다.

인체에 해로운 세균(박테리아나 바이러스)이나, 화학물질이 섞인 음식을 먹거나, 술을 잘 마시지 못하는 사람이 과음을 하면, 뇌는 위의 근육에 명령을 내려 먹은 것을 토하도록 합니다.

음식을 먹을 때는 식도의 근육이 아래로 움직입니다. 그러나 토할 때는 반대로 움직입니다. 구토 때는 처음에 메스꺼움을 느끼고, 입안에 침이 저절로 고이다가 왁 하고 쏟아내게 됩니다. 토하는 것 역시 위험에 대비하는 매우 중요한 반사반응입니다. 이럴 때는 충분히 토하도록 해야 합니다. 음식을 먹은 후 얼마 되지 않아 토하는 것은 식중독에 해당하므로, 빨리 배출해버려야 후유증을 적게 겪습니다.

토하기도 하고 설사를 하는 식중독 현상은 부패하거나 오래된 음식, 충분히 익지 않은 어패류, 냄새가 싫은 음식 등을 먹었을 때 잘 발생합니다. 그런데 멀미를 해도 구토를 하고, 다친 사람이 피를 흘리고 있는 현장을 목격해도 비위가 상하여 토하는 경우가 있습니다.

질문 6. 설사는 왜 하게 됩니까?

설사는 먹은 음식이 정상적인 소화과정을 거치지 않고, 대단히 빨리 배설되는 경우를 말합니다. 나쁜 음식이 위는 지났으나, 소장으로 들어왔을 때 거부반응을 일으키면, 그 음식은 소화가 되지 않고 그대로 배출됩니다. 설사할 때 많은 수분이 나오는 것은, 장에서 수분이 흡수되지 않고 그대로 배출되기 때문입니다.

설사 때는 복통도 함께 느낍니다. 설사가 심하면 몸의 수분이 부족해지는 탈수현상이 일어나므로, 물을 많이 마시는 것이 좋습니다. 설사 후에는 한 두 끼 정도 부드러운 음식을 먹어 위와 장에 부담을 주지 않는 것이 회복을 빠르게 합니다. 설사를 멈추게 하는 약(지사제)을 먹으면 독소가 빨리 배출 되지 않아 치료가 늦어지는 결과를 가져올 수 있습니다.

설사는 기름기가 많거나 자극성이 심한 음식, 또는 찬 음식을 먹었을 때, 스트레스를 받았을 때 나타나기도 하는데, 이런 설사 증상은 사람에 따라

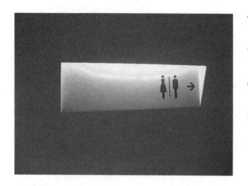

다릅니다. 대개의 설사는 1~2일 안에 멈춥 니다. 만일 3~4일이 지나도 계속된다면, 이질이나 콜레라에 감염되었을 가능성이 있으므로 곧 병원을 찾도록 합니다.

질문 7. 재채기는 왜 하게 되나요? 햇빛이나 밝은 빛을 쳐다보면 왜 재채기가 잘 나지요?

재채기를 자주 하는 친구가 있으면, 우리는 그가 감기에 걸렸다고 생각합 니다. 일반적으로 먼지나 꽃가루 같은 이물질이 코 안으로 들어가 내부의 점막을 자극하면 재채기가 납니다. 감기로 코 점막에 염증이 생겼거나, 콧 물이 콧속을 자극하거나 하면 재채기가 터집니다.

코 안에는 가느다란 털이 나 있으며, 털의 안쪽 끝은 신경과 연결되어 있 습니다. 그러므로 휴지조각 등으로 코털을 가볍게 건드려도 그 자극이 뇌에

전달되어 재채기를 합니다. 재채기를 하면, 폐 안의 공기가 한순간에 시속 약 160km의 속도로 터져 나옵니다. 이때 코에 들어온 이물질은 강풍에 밖으로 날려 나갑니다.

태양이나 밝은 전등불을 바라보는 순간 재채기가 나는 경우가 있습니다. 이때는 밝은 빛이 눈을 자극하여 눈물이 순간적으로 솟아나게 되고, 그 눈물이 코 안으로 흘러들어 점막을 자극한 결과 재채기나 나오는 것입니다.

재채기나 기침이 날 때는, 배출되는 기체나 점액이 다른 사람에게 튀지 않도록 손으로 입을 가리거나 고개를 돌려야 합니다. 왜냐하면 감기 환자의 재채기나 기침 속에는 바이러스가 들어 있으므로 감염 위험이 있기 때문입니다.

사진 7.
고양이의 털에 민감한 사람은 고양이 곁에 가면 심한 재채기를 하게 됩니다.

질문 8. 채기를 할 때는 왜 눈을 질끈 감게 되나요?

재채기를 할 때는 매우 강력한 바람이 좁은 콧속으로 뿜어 나옵니다. 이때 코 내부의 공기 압력이 너무 강하기 때문에, 그 압력은 코와 눈 사이에 뚫린 눈물이 흐르는 관(누관)을 통해 안구에까지 전달됩니다. 이때 만일 눈을 감지 않는다면, 그때의 고압 공기가 누관을 통해 눈에 작용하여 안구가 밀려나가게 하거나, 눈의 조직에 다른 지장을 줄 것입니다.

질문 9. 기침은 왜 나는가요?

감기는 바이러스가 감염된 것이며, 감기가 심하면 목구멍과 기도(氣道), 폐에 염증이 생깁니다. 이러한 염증은 숨을 쉬게 하는 근육을 자극하므로, 폐의 공기가 입을 통해 폭발하듯이 기침으로 터져나갑니다. 이러한 기침도 재채기처럼 목구멍을 탈출하는 공기의 속도가 비슷합니다.

감기가 아니더라도, 목구멍 속으로 먼지라든가 유독한 가스가 들어가면 마찬가지로 기침을 하여 밖으로 배출하도록 합니다. 기침을 할 때는 기도를 덮고 있던 점액의 분비물도 밀려나오게 되지요. 건강한 사람도 하루에 몇 차례는 기침을 하여 기도에 쌓인 분비물을 뱉어내고 있습니다.

기침은 인체를 보호하는 매우 중요한 반사반응입니다. 만일 약물을 써서 기침이 나지 않도록 한다면, 폐로 들어가는 통로(기도)가 염증으로 생긴 점액 물질로 가득 차 호흡을 제대로 하지 못하도록 합니다.

밤에 기침이 심하면 잠을 자지도 못하고 구토까지 합니다. 감기가 악화되어 기관지천식이나 폐렴이 되면 기침이 연속적으로 납니다. 감기 때문이라고 생각한 기침이 2주 이상 계속된다면 의사의 진단을 받아야 합니다.

감기에 걸린 사람은 기침이 날 때 입을 가리기 때문에 손에 병균이 많이 묻게 됩니다. 세균이 가득한 손으로 악수를 한다면 다른 사람에게 감염시키는 결과를 가져옵니다. 그러므로 감기가 걸렸을 때는 자신은 물론 남을 위해 손을 더 자주 청결히 씻도록 해야 합니다.

사진 9.
기도를 자극하거나 기도에 이물질이 있으면 기침이 납니다.

질문 10. 음식을 먹거나 물을 마시다가 사레는 왜 들립니까?

목구멍에는 2개의 관이 있습니다. 하나는 폐와 연결된 기도(氣道)이고, 다른 하나는 위와 이어진 식도(食道)입니다. 음식이나 음료수를 먹으면 기도 입구의 문이 닫혀버리므로 삼킨 것은 모두 식도로 내려갑니다. 그러나 호흡을 할 때는 열린 기도로 공기가 출입합니다.

만일 음식이나 물을 급히 마시다가, 또는 맛있는 음식 앞에서 침이 많이 분비되어 그것들이 기도로 조금이라도 넘어가면, 기도는 즉시 맹렬한 기침과 재채기를 일으키며 이물질을 밖으로 배출시킵니다. 이럴 때 사람들은

'사레가 들렸다'고 말합니다. 음식물이 기도로 넘어가면 폐까지 들어가므로 생명이 위험할 수 있습니다. 사레는 이런 위험을 막아주는 중요한 신체의 방어 반응 가운데 하나입니다. 시장기나 갈증이 심하더라도 음식은 천천히 먹는 것이 좋겠습니다.

질문 11. 딸꾹질은 왜 하며, 어떻게 멈추도록 할 수 있나요?

우리 몸의 복부와 가슴부를 나누고 있는 커다란 근육을 '횡경막'이라 합니다. 횡경막은 규칙적으로 움직이면서 호흡할 때 폐가 늘어났다 줄었다 하는 운동을 도와줍니다. 그런데 이 횡경막의 운동을 조정하는 신경이 어떤 자극(원인을 아직 확실히 모름)을 받으면, 횡경막 근육은 연달아 일정한 시간을 두고 경련을 합니다. 이것이 딸꾹질 현상입니다.

딸꾹질이 일어나는 순간에는 많은 공기가 한꺼번에 폐로 들어갑니다. 이 때 뇌는 목의 기도(氣道)에 명령을 내려 더 이상 공기가 흡입되지 않도록 합니다. 이 순간 횡경막은 숨을 멈추려 하고, 입과 목은 많은 공기를 마시려 합니다. 그 결과 기도가 움찔하면서 성대에서 이상한 소리가 나게 됩니다.

딸꾹질은 얼마동안 하다가, 시작할 때처럼 어느 순간 멈춥니다. 그러나 만일 딸꾹질이 몇 시간이고 오래 계속된다면 의사를 찾아야 합니다. 말도 못하고 음식을 먹기도 어려워 고통스러우며 목도 아파집니다.

딸꾹질은 긴장하고 있거나, 음식을 급히 먹거나, 담배를 피우거나, 술을 과음하거나, 매운 음식이나 찬 음식을 먹거나, 추운 곳에 오래 있거나 할 때 쉽게 생깁니다.

일반적으로 딸꾹질을 멈추는 방법은 콧속을 간지럽게 하여 재채기를 하거나, 숨을 오래 참거나, 얼음물을 마시거나 하는 것입니다. 등 뒤에서 종이 봉지를 갑자기 터트려 놀라게 하는 방법으로 멈추게 하기도 하지만, 실패할 경우가 많습니다.

질문 12. 뱃멀미나 차멀미는 왜 할까요?

차, 배, 비행기를 탔을 때 흔들림 때문에 얼굴이 창백해지고 진땀이 나며 어지러움을 느낍니다. 이어 차츰 견디기 어렵도록 속이 매스껍다가 토하게 되는 증세를 멀미라고 합니다. 멀미가 심하면 구토와 두통이 따릅니다. 멀미를 한번 경험한 사람은 다시 멀미하기를 원하지 않아요.

멀미는 상하좌우로 크게 흔들리는 배의 멀미가 가장 심하고, 자동차, 기차, 비행기 순으로 대개 나타납니다. 때로는 맴돌기를 많이 하거나, 회전목마나 롤러코스터를 타도 생겨납니다. 가마나 인력거가 있던 옛날에는 그 속에서도 멀미를 했습니다. 멀미를 심하게 하는 사람은 휘발유 냄새만 맡아도 어지러움을 느낀다고 합니다. 멀미는 병이라고 할 수 없고 증상이라고 하는 것이 옳습니다.

멀미가 시작되면 처음에는 위가 답답하고 입안에 침이 고이면서 메스꺼움이 느껴집니다. 이어서 구역질이 심해지며 토하게 됩니다. 이때는 두통까지

극심해집니다. 일단 멀미를 시작하면, 안정시키거나 중단시키기가 거의 불가능합니다. 멀미로 너무 많이 토하면 탈수현상까지 일어나는데, 그 고통은 표현하기 어려울 정도입니다.

사람은 똑바른 자세로 걷거나 앉거나 해야 편안해합니다. 만일 버스를 타고 가면서 앞에 앉은 사람의 뒷모습을 바라본다면, 그 사람은 정지한 상태로 보입니다. 그러나 창밖을 쳐다보면 차는 빠르게 이동하고 있습니다. 같은 조건에서 정지 상태와 운동 상태를 동시에 경험할 때, 시각과 균형감각은 혼란을 느끼게 되고, 그것이 멀미를 일으키는 원인으로 생각되고 있습니다.

차라든가 배가 없던 원시시대의 인류는 멀미할 일이 별로 없었습니다. 사람은 한두 바퀴만 돌아도 어지럼을 느낍니다. 인간에게 멀미는 균형감각에 이상이 있음을 알리는 몸의 신호였을 것입니다. 같은 조건에서도 멀미하는 정도가 사람에 따라 다릅니다. 그래서 멀미는 정신적인 문제와도 관계가 있다고 생각합니다.

질문 13. 체조선수나 무용수들은 심하게 회전운동을 해도 왜 멀미를 하지 않습니까?

마루에서 몇 바퀴 돌다가 멈추면, 주변이 물체가 빙빙 돌아가면서 어지러움을 느낍니다. 그러나 체조선수나 스케이팅 선수는 몇 바퀴를 돌아도 몸의 균형을 잃지 않습니다. 이것은 오랜 훈련에 의해 몸이 적응한 결과입니다.

멀미의 정도는 사람에 따라 다릅니다. 버스를 타면 멀미를 하는 사람이, 자신이 운전하면 아무렇지 않기도 합니다. 늘 차나 배를 타는 사람은 멀미를 하지 않습니다. 그러나 평소 멀미를 하지 않더라도 몸 상태가 나쁘거나 하면 멀미를 하기도 합니다. 멀미가 심하던 사람도 자주 차를 타거나 반복 훈련을 받으면 점차 줄어들어 하지 않게 됩니다.

멀미는 균형감각에 이상이 느껴져 생기는 생리적인 반응입니다. 자기 스스로 뛰고 구르고 할 때는 멀미를 하지 않습니다. 그러나 회전하거나 흔들리는 것을 타고 있을 때, 흔들림의 속도와 방향이 일정하지 않을 때 멀미는 쉽게 납니다. 인체의 균형감각은 귀 속의 '전정기관'이라는 곳에서 이루어집니다. 멀미를 하는 정확한 이유는 아직 확실하게는 밝혀지지 않았습니다. 보다 자세한 설명에는 인체의 구조에 대한 매우 전문적인 지식이 필요합니다.

배를 탔을 때, 파도가 거칠면 배는 전후좌우로 심하게 요동합니다. 흔들리는 배를 타고 난간이라든가 파도, 수평선을 바라보면,

사진 13.
체조나 스케이팅 선수들은 회전을 해도 어지러움을 적게 느낍니다.

잠시도 같은 상태로 보이지 않고 위치가 흔들리지요, 그래서 멀미를 느끼게 됩니다. 멀미를 방지하려면 다음과 같은 주의를 합니다.

1. 위 속이 비어 있으면 멀미를 더 심하게 합니다. 어떤 사람들은 토하지 않으려고 굶으려 하는데, 공복 상태는 구역질을 더 심하게 하도록 만듭니다.

2. 차를 타면 창밖 가능한 먼 곳을 바라보며 갑니다. 버스라면 앞자리에 앉아 멀리 보는 것이 효과적이지요. 책을 읽으면서 가면 멀미가 더 쉽게 납니다.

3. 배를 탔을 때는 갑판에서 수평선이나 멀리 육지를 보는 것이 좋습니다. 먼 경치는 흔들림이 적게 느껴지니까요. 배 안에서는 흔들림이 적은 중앙부에 자리를 정하여, 눈을 감고 잠을 자도록 하면 멀미를 덜합니다. 배를 며칠 계속해서 타면, 멀미는 점점 줄어듭니다.

4. 멀미를 방지하는 약으로 드라마민, 스코폴라민 같은 것을 약국에서 팔고 있습니다. 이 약을 사용하면 부작용으로 심하게 졸음이 오기 때문에 운전자가 먹으면 안 됩니다. 어떤 사람은 약의 부작용이 나타나기도 합니다.

멀미약은 배나 차를 타기 1시간 전에 먹어야지, 승선하기 직전에 먹으면 도움이 되지 않습니다. 멀미약의 효과는 4시간 정도 유지되는 것으로 알려져 있지요. 귀 밑에 붙이는 멀미 방지약도 있습니다. 이 약은 일종의 마취제로서, 피부를 통해 내부로 침투하여 속귀의 평형감각을 둔감하게 함으로써 멀미를 막아줍니다.

5. 약을 먹지 않고 멀미를 조금이라도 피하려면 진동이 적고, 신선한 공기를 마실 수 있는 자리에 앉도록 하고, 잠을 자는 것, 옆 사람과 대화를 계속하는 것, 책을 읽지 않는 것도 중요합니다. 뱃속이 비어 있으면 더 쉽게 멀

미를 하기도 합니다. 멀미를 할 때 음료수를 마시면 다소 진정되기도 합니다. 많이 토했을 때는 음료수가 탈수를 막아주기도 하지요.

질문 14. 밀실공포, 고소공포 같은 공포증은 왜 생기나요?

도둑이 들어와 칼로 위협한다면 누구나 공포를 느낍니다. 그러나 다른 사람들보다 유난히 무서워하는 증세가 있다면 '공포증'이라고 말하지요. 심한 공포증은 심리적인 증세입니다. 사람은 누구나 공포증을 가지고 있습니다만, 9명에 1명 정도는 공포의 정도가 심한 것으로 알려져 있습니다.

공포증에는 여러 종류가 있습니다. 예를 들자면, 높은 곳에서 내려다보면 손발이 후들거리도록 무서운 고소공포증, 좁은 다리(구름다리 등)를 건널 때 느껴지는 도교 공포증, 물이 무서워 수영을 배우지 못하는 물 공포증, 사람들 앞에 나가 말을 하거나 노래하기가 두려운 무대공포증, 낯선 사람을 만나 이야기하려면 얼굴이 붉어지면서 심하게 긴장되는 대인공포증(적안증이라고도 함), 개라든가 벌, 뱀, 쥐 따위를 보고 무서워하는 증세, 사방이 막힌 곳에 있으면 나가지 못하게 될까봐 두려운 폐소공포증, 사고가 날까봐 운전을 못하는 운전공포증, 비행기 사고가 겁이나 타지 못하는 비행공포증, 심지어 이성을 싫어하는 이성공포증도 있답니다.

두려움이 생기면 손발이 떨리고, 심장이 빨리 고동하며, 숨이 막힐 것 같고, 손에 땀이 나기도 합니다. 심할 때는 발이 땅에서 떨어지지 않으려 합니다. 이러한 공포증의 원인은 확실히 알지 못하고 있습니다. 과학자들은 그것이 부모로부터 물려받은 유전성이거나, 어릴 때 무서운 경험을 했거나, 정신적으로 다소 장애가 있거나 하기 때문일 것이라고 생각합니다.

공포증은 심리전문가나 정신과 의사의 치료로 얼마큼 고쳐질 수 있습니다. 가장 일반적인 치료법은 두려워하는 상황에 대해 조금씩 적응하도록 단계적으로 훈련하는 것입니다. 예를 들어 미끄럼틀에서 미끄러져 내리기를 두려워하는 어린이라면, 낮은 미끄럼틀에서 타기를 연습하여 차츰 높은 곳에서 미끄러지도록 하는 것입니다.

만일 거미를 무서워하는 어린이가 있다면, 처음에는 거미 사진을 많이 보여주고, 다음에는 작은 거미를 그릇에 담아 관찰하게 하고, 차츰 만져보도록 하다가, 나중에 큰 거미를 만져보도록 합니다.

사진 14.
공포증이 심한 사람은 비탈진 눈 위를 고속으로 달리는 스키를 배우기가 어렵습니다.

질문 15. 왜 하품이 나오고, 그 하품은 곧 옆 사람에게 전염되나요?

아침에 잠자리에서 눈을 뜨면 하품부터 하는 경우가 많습니다. TV를 오래 보고 있거나, 장시간 공부하고 있으면 하품이 자주 나지요. 그런데 하품은 운동장에서 뛰고 있을 때도 나는 매우 자연스러운 인체의 반응입니다. 하품은 사람만 하는 것이 아니라 개, 사자, 심지어 물고기도 하지요.

사진 15.
하품은 사람만 아니라 개, 고양이 등의 동물도 합니다.

하품을 하는 사람을 보면, 우리는 "저 사람이 고단하거나 지루한 모양이다."라고 생각합니다. 사자나 원숭이는 배가 고파도 하품을 합니다. 일반적으로 하품을 하는 이유는, 실내 공기가 탁하거나 하여 산소가 부족할 때 산소를 폐로 많이 들이키는 행동이라고 생각합니다.

하품은 산소를 대량 공급하는데 분명히 도움이 될 것입니다. 그런데 하품에 대해 많은 연구를 한 미국 메릴랜드 대학의 정신의학자 로버트 포로빈의 연구에 따르면, 사람에게 일부러 산소를 많이 공급해주어도 하품을 하고, 적게 준다고 해서 하품을 더 많이 하지도 않으므로, 하품의 이유는 아직 확실히 모른다고 합니다.

그의 실험에 의하면, 하품을 한 차례 하는 시간은 대개 6초 정도이고, 어떤 사람은 90분 동안에 76번이나 하품을 했답니다. 졸리면 하품이 더욱 자주 나오지요. 기지개를 켜면 저절로 하품도 나옵니다. 기지개는 근육과 관절을 풀어주는 효과가 있습니다. 하품은 뇌에 생기는 어떤 신경물질과 관계가 있다는 이론도 있습니다. 예를 들면 엔도르핀이 많이 분비되면 하품을 적게 하지요.

하품을 할 때는, 머리를 뒤로 젖히면서 입을 크게 벌려 공기를 얼마큼 들여 마시고는 턱을 내려놓습니다. 그런데 하품을 하더라도 우리는 깊은 호흡은 하지 않고 있습니다. 하품이 날 때 남이 보지 않도록 하기 위해 입을 다물고 코로 호흡하려 하면, 잘 되지 않고 결국 입이 열리고 맙니다. 그러므로 하품을 남에게 보이지 않으려면 손으로 입을 가로막아야 하고, 소리를 내지 않도록 주의해야 합니다.

하품은 감기보다 전염이 훨씬 빠릅니다. 수업 중에 누군가 한 사람이 하품을 하면, 그 소리를 듣기만 해도 따라 하품이 나옵니다. 하품은 생각만 해도 나올 수 있습니다. 그런데 과학자들은 하품이 전염되는 이유를 확실히 알지 못합니다. 다만 "수백만 년 동안 무리를 지어 사람들이 살아오면서, 한 사람이 행동하면 모두가 함께 같이 행동하도록 우리의 뇌가 길들여진(프로그램된) 것인지도 모른다."고 말하고 있습니다.

질문 16. 부딪히거나 상처를 입으면 왜 아픔을 느끼게 되나요?

사람을 포함한 모든 포유동물은 상처를 입으면 아픔을 느낍니다. 그 아픔이 심할 때는 비명을 지르기도 하지요. 만일 부상을 입고서도 아픔을 모른다면 자신의 몸을 보호하는데 아주 불리하겠지요. 아픔은 신경세포가 충격을 느껴 뇌에 전달하기 때문에 생기는 것입니다.

신경세포는 일반 세포와 달리 핵에서 뻗어나가는 여러 개의 잔가지 돌기와 멀리 뻗어나가는 한 개의 긴 돌기를 가지고 있습니다. 이 돌기 속으로 신경전류가 흘러 신호를 멀리까지 빠르게 전달합니다.

상처를 입었다는 것은 세포가 부상을 당한 것입니다. 칼에 베거나 충격을 받거나 하면 그곳의 세포가 상처를 입습니다. 이때 상처받은 세포에서는 '프로스타글란딘'이라는 물질이 나옵니다. 이 물질은 근처에 뻗어 있는 신경을 자극하여 뇌가 아픔을 느끼도록 합니다.

발목을 삐어 발을 디딜 때마다 아프거나, 신경통으로 무릎이 아프거나 하는 것은 아픈 곳의 뼈나 근육, 인대 등의 세포가 부상을 입고 있기 때문입니다. 신경통이 심할 때 아스피린을 먹으면 통증이 줄어듭니다. 이것은 아스피린이 프로스타글란딘의 작용을 억제하기 때문입니다.

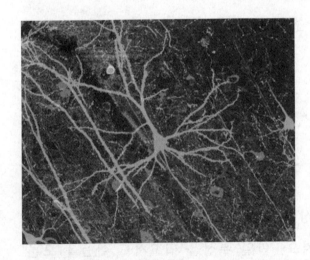

사진 16.
신경세포는 하나의 긴 돌기와 여러개의 짧은 돌기를 가지고 있습니다.

질문 17. 사람은 왜 잠을 자야 하나요?

　잠은 근육과 정신활동이 모두 쉬는 상태입니다. 잠이 들면 근육도 휴식하고 있으므로 산소 소비량이 줄어들어 호흡과 맥박이 느려집니다. 다만 꿈을 꾸는 동안에는 근육이 약간 움직입니다.

　잠자는 사이에 여러분의 몸에서는 아주 중요한 일이 일어나고 있습니다. 잠든 시간에 하루의 피로와 긴장이 풀어지고, 청소년들은 키가 자라며, 다치거나 고장난 신체를 고치는 작업이 일어나니까요. 키를 자라게 하는데 꼭 필요한 성장 호르몬은 주로 잠잘 때 생산됩니다. 그러므로 만일 생장기에 잠을 잘 자지 않으면 키가 크는데 지장이 생깁니다. 충분히 자고 난 아침은 인사 그대로 '좋은 아침'입니다. 왜냐하면 밤 동안 잘 쉬고, 다친 곳이 낫고, 키도 조금 커졌으니까요.

　만일 우리가 8시간 잤다면, 그 사이에 4~5번 꿈을 꾸며, 꿈꾸는 시간은 매회 5~30분 정도입니다. 그러므로 우리는 매일 1시간 30분에서 2시간 정도 꿈을 꾼다고 하겠습니다. 과학자들은 두뇌를 건강하게 유지하는데 꿈이 필요하다고 생각합니다(질문 21 참조).

사진 17.
잠자는 동안에 피로가 풀어지고, 병난 곳이 회복되며, 키도 자랍니다.

질문 18. 아침이 오면 왜 같은 시간에 저절로 잠에서 깨어나요?

뇌의 중심 부분에는 자고 깨는 것을 조절하는 부분(시상과 시상하부)이 있습니다. 이 부분은 마치 몸 안의 자명종 시계와 같이 작용합니다. 몸시계(체내시계)는 지구의 자전시간과 같은 24시간 주기로 일정하게 작용합니다. 체내시계는 상당히 정확하게 작용하여, 매일 거의 같은 시간에 잠에서 깨어나도록 합니다. 그리고 자야할 시간이 되면 졸음이 오게 합니다.

한국에서 미국이나 유럽으로 비행기를 타고 여행을 가면 밤낮의 시간이 바뀝니다. 이럴 때 여행자는 낮에는 졸리고 밤에는 잠이 오지 않는 날을 며칠이고 보내야 합니다. 이를 '시차'라고 말하며, 여러 날 지나면 그곳의 밤낮 시간에 적응하게 되는데, 이를 '시차 적응'이라 합니다. 시차 적응에 걸리는 시간은 사람에 따라 다릅니다.

사진 18.
일정한 시간이 되면 잠에서 깨어나므로 마치 몸속에 시계가 있는 것처럼 생각되어 이를 '체내시계'라 합니다.

질문 19. 밤에 자고도 왜 낮잠이 오나요?

일생에서 낮잠을 가장 많이 자는 때는 아기 시절입니다. 특히 갓난아기는 하루의 대부분을 잡니다. 아기들은 아침과 저녁 모습이 다르게 자라면서 새로운 세상을 계속하여 배우고, 새 동작도 익혀갑니다. 그러므로 아기지만 에너지를 많이 소모하여 아주 피곤하답니다. 아기들은 긴 잠으로 몸이 자라는 동시에 피곤을 풀고 있습니다.

어른이든 어린이든 피곤하면 신체적으로나 정신적으로 최선을 다하지 못합니다. 지친 몸으로 공부하려고 하면 에너지가 더 많이 소모되고, 피로는 더욱 심해지며, 공부가 제대로 되지 않습니다.

우리 몸은 피로가 쌓이면 졸음이 오게 하여 쉬도록 만듭니다. 낮잠은 피로가 쌓였을 때 오는 잠이며, 잠시 낮잠을 자고 나면 에너지를 되찾고, 피로가 회복되어 공부를 잘 할 수 있게 됩니다.

사진 19.
아기는 하루의 대부분을 잠으로 보냅니다. 잠자는 사이에 아기는 자라고 피곤도 회복됩니다.

질문 20. 잠꼬대는 왜 하나요?

  잠꼬대란 잠을 자면서 자기도 모르게 나오는 헛소리를 말합니다. 다시 말하면, 꿈속에서 한 말이 중얼거리듯 입으로 나오는 소리가 잠꼬대이지요. 잠꼬대 때 하는 말의 내용은 꿈속에서 일어난 일과 관련된 것입니다.

  잠이란 몸과 두뇌가 동시에 휴식하고 있는 상태입니다. 사람은 먹지 않고는 1개월 이상 견디지만, 잠을 자지 못한다면 4,5일을 못 견디고 죽을 정도입니다.

  뇌는 깨어 있는 동안 끊임없이 감각기관이 외부로부터받은 자극에 대해 판단을 내려 반응을 합니다. 말이 필요할 때는 말하는 감각기관이 움직여 말을 하지요. 그런데 잠든 상태에서 말(잠꼬대)을 한다는 것은, 꿈의 자극이 말하는 감각기관을 반응하도록 만든 것입니다.

  잠꼬대를 하지 않는 사람은 없습니다. 어떤 때는 잠꼬대를 해놓고, 그 소리에 스스로 놀라 깨기도 합니다. 그러나 잠꼬대는 대부분 기억하지 못합니다. 그래서 누군가가 이치에 맞지 않는 소리를 하면 '잠꼬대' 한다고 표현하지요.

  일반적으로 잠꼬대는 어떤 문제로 정신적인 억눌림(스트레스)이 많거나, 불안한 마음이 있거나 할 때 하기 쉽습니다. 평소 잠꼬대가 심한 사람이 있다면, 그는 각성중추(覺醒中樞)가 조금 둔한 사람입니다. 어떤 사람이 자신의 잠꼬대 소리에 깨어 정신을 차린다면(각성된다면), 그는 각성중추가 둔하지 않고 예민한 사람이지요.

사진 20.
잠꼬대는 꿈에 받은 자극이 말하는 감각기관을 자극하여 나오게 됩니다.

질문 21. 잠자는 동안 꿈은 왜 꾸나요?

　사람들은 현실이 아닌 상황을 "꿈같다."라고 말하지요. 과거에는 꿈꿀 때 뇌 속에서 어떤 일이 일어나는지 알지 못하고, 잠이 들면 뇌도 함께 조용히 쉰다고 생각했습니다.

　그러나 1952년, 미국의 과학자 유진 아세린스키는 처음으로 뇌파측정기를 사용하여 잠자는 그의 아들(8세)의 뇌파를 조사했습니다. 뇌파측정기는 뇌 안에서 일어나는 약한 전류의 흐름 상태를 종이 위에 그려낼 수 있는 장치입니다. 그는 놀라운 발견을 했습니다. 아들이 깊이 잠자는 동안, 두 세 시간마다 뇌파측정기가 움직이면서 지그재그로 파형을 그려냈던 것입니다. 그뿐만 아니라 눈감고 있는 아들의 눈동자가 눈꺼풀 아래에서 크게 움직이고 있었습니다. 그때 그는 아들을 깨웠고, 아들은 꿈을 꾸었다고 이야기했습니다.

　이 실험으로 아세린스키는 잠든 상태에서 안구를 움직인다면, 꿈을 꾸고 있다는 것을 확인했습니다. 우리는 잠든 강아지를 보아도 발을 꼼지락거리거나 가볍게 짖거나, 으르렁거리는 것을 볼 수 있습니다.

　수면 중 안구가 움직이지 않으면 뇌파의 움직임도 매우 느립니다. 그러나 안구를 굴리면서 꿈꾸는 동안에는, 뇌파도 깨어 있을 때처럼 나타납니다. 꿈은 일상과는 매우 다릅니다. 귀신이나 괴물을 만나는 악몽(가위눌림)을 꾸는가 하면, 아주 이상하고 현실적이지 못한 불가사이하고, 혼란스러운 꿈을 만나기도 합니다. 어릴 때는 꿈 때문에 오줌을 누는 실수를 하기도 하지요.

꿈이란 왜 이처럼 이상스러운지에 대해 펜실베이니아대학의 심리학자 마틴 셀리그만은 이런 이론을 내놓았습니다. 그날의 생활 상황이라든가, 경험, 생각하는 일, 잠자는 동안에 들리는 소리나 감촉, 냄새 등이 생소한 뇌파를 만들어 현실과 다른 상황을 뇌가 느끼게 한다는 것입니다.

오늘날 꿈에 대한 연구가 많이 진행되고 있지만, 왜 꿈을 꾸는지 정확한 이유는 아직 확실히 알지 못합니다. 셀리그만은 "금방 태어난 아기도 잠자는 동안 많은 꿈을 꿉니다. 그 꿈은 새로운 세상의 모습이라든가 생각과 느낌을 배우는데 필요한 것입니다."라고 말합니다.

사진 21.
낮잠이 든 개를 관찰하면, 그들도 꿈을 꾸고 있는 것을 알 수 있습니다.

질문 22. 잠을 잘 이루지 못하는 불면증은 왜 생기나요?

청소년 시절에는 종일 공부하고, 운동하고, 활동하기 때문에 피곤하여 잠이 잘 오지 않는 날이 거의 없습니다. 그러나 두려운 일이 생기거나, 친구와 다투거나 하여 화나는 일이 있었던 저녁에는 가끔 잠이 잘 들지 않기도 합니다.

부모님이나 나이 많은 어른들은 수시로 불면증에 대해 이야기를 합니다. 밤마다 피곤에 지쳐 잘 자던 사람이, 어느 날 쉽게 잠들지 못하고 고통스러워하는 불면증의 원인은 과학자들도 확실히 알지 못합니다.

불면증이 생길 경우는, 대개 생활 중에 발생한 심한 걱정이나 슬픔, 실망과 같은 스트레스로 심리적인 고통을 받고 있을 때입니다. 불면증이 생기면 잠을 청해도 좀처럼 잠들지 않을 뿐만 아니라, 잠이 들었다가도 일찍 깨어 다시 잠들지 못하기도 합니다.

또 평소 운동을 많이 한 날은 지쳐서 잠이 잘 옵니다. 그러나 잠자기 전에 심하게 운동하고 나면, 쉽게 잠들지 못하기도 합니다. 이때는 운동하는 동안 우리 몸에 근육활동을 강화하는 '아드레날린'이라는 호르몬이 많이 분비된 탓입니다.

카페인이 많이 든 커피, 녹차, 콜라, 피로회복 음료를 마신 뒤 잠이 잘 오지 않는 경우가 있습니다. 잠자는 시간 직전에 재미난 소설을 읽거나, TV를 보거나, 맛난 음식을 많이 먹거나 하고 나면 한참 동안 잠들기 어렵습니다. 어떤 사람은 잠자리가 바뀌거나, 심지어 자기가 평소 베던 베개가 달라도 잠들기 어려워합니다.

의사들은 잠을 잘 자려면, 오후에는 커피나 콜라를 마시지 않아

사진 22.
카페인에 민감한 사람은 오후에는 코피를 마시지 않아야 쉽게 잠들 수 있습니다.

야 하고, 잠자기 전에는 시장하더라도 소화가 잘 되는 부드러운 음식을 조금만 먹어야 한다고 말합니다. 또한 만일 좀처럼 잠이 오지 않는다면, 억지로 자려 하지 말고 일어나 앉아 편안한 자세로 조용히 책을 읽기를 권합니다. 책을 보다가 졸음이 오면, 그때 침대로 가면 곧 잠이 듭니다.

제2장
혈액, 혈관, 출혈의 의학 상식

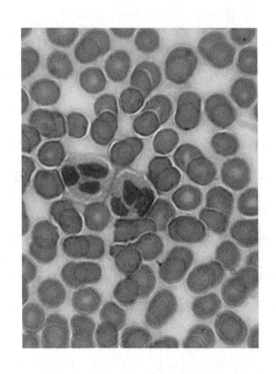

질문 23. 왜 때때로 심장이 쿵쾅거리며 빨리 뛰게 되나요?

심장은 잠시도 쉬지 않고 뛰고 있지만, 우리는 그것을 느끼지 못합니다. 그러나 심장이 평소보다 빠르고 강하게 뛰면, 두근두근 하는 것을 곧 느끼게 되지요. 일반적으로 안정된 상태에서 아기들의 심장은 1분에 80~140회 박동하고, 어른들은 보통 60~80번 정도 뜁니다.

운동을 하면 영양분과 산소를 대량 소모하게 됩니다. 심장이 빨리 뛰는 것은 혈관 속으로 더 많은 혈액을 보내기 위함입니다. 혈액은 산소와 영양을 온몸에 운반합니다. 그러므로 운동을 활발하게 하는데도 심장이 빨리 뛰지 않는다면, 우리의 근육에 영양분과 산소가 부족해져 힘차게 활동할 수 없게 됩니다. 그러므로 운동을 한참 심하게 할 때는 심장이 보통 때보다 거의 2배나 자주 박동합니다.

심장이 빨리 뛸 때는 폐도 호흡을 자주 하여 심장으로 더 많은 산소가 갈 수 있도록 해줍니다. 달리기를 하면 숨이 헐떡헐떡 가빠지고 심장이 빨리 뛰는 것은, 모두 산소와 영양분을 온 몸에 더 많이 공급하려는 인체의 자연적인 반응입니다.

우리가 크게 놀라거나 흥분하거나, 반가운 사람을 만나거나 하면, 그 때도 심장이 빨리 뜁니다. 이것은 위기상황에 대응하도록 '아드레날린'이라는 호르몬이 분비되어 혈액 속으로 들어간 결과입니다. 놀라거나 싸우거나 할 때, 몸은 아드레날린을 급히 분비하여 위기에 대응하여 근육이 잘 활동할 수 있도록 해주는 것입니다.

질문 24. 혈액은 무엇입니까?

혈관 속을 흐르는 혈액은 우리 몸이 활동하는데 필요한 영양분과 산소를 운반하는 중요한 작용을 합니다. 동시에 혈액은 몸의 각 세포에서 생긴 이산화탄소와 노폐물을 받아서 몸밖으로 내다버리도록하는 청소부 역할도 합니다. 뿐만 아니라 혈액은 몸의 활동을 조절하는 호르몬을 온 몸으로 운반하지요.

혈액이 산소와 영양분을 온몸의 세포로 수송하도록 해주는 힘은 끊임없이 쿵쿵 뛰는 심장에서 나옵니다. 우리 심장은 1분에 약 72회씩 펌프질을 하여 혈액을 내보내고 있습니다.

피의 성분은 절반 이상이 물과 같은 액체인데, 이를 '혈장'이라 부릅니다. 혈장에는 영양분과 노폐물이 들었으며, 상처가 생겼을 때 혈액이 응고토록 하여 출혈을 막아주는 혈소판, 그리고 그 외에 여러 화학물질과 호르몬도 포함되어 있습니다.

혈액의 나머지 대부분은 '적혈구'라는 아주 작은 혈액세포입니다. 우리 몸에서 가장 크기가 작은 세포인 적혈구는 산소와 이산화탄소를 운반하지요. 그 외에 혈액 속에는 '백혈구'라 부르는 혈액세포가 들었으며, 이들은 몸 안에 침입한 세균이라든가 나쁜 물질을 공격하여 파괴하는 작용을 합니다.

핀의 머리만한 양의 혈액 속에는 적혈구가 약 5,000,000개(1방울에는 약 3억 개), 백혈구는 약 10,000개 포함되었습니다. 그리고 상처가 생겨 피가

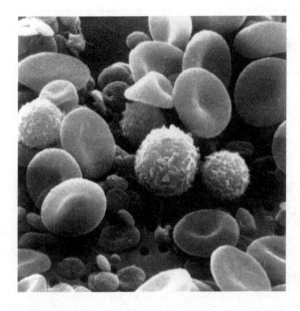

혈관 밖으로 나올 때, 그것을 굳게 하는 작용을 하는 혈소판은 약 250,000개 들었습니다.

사진 24.
혈액을 전자현미경으로 본 모습입니다. 도넛 모양의 적혈구를 비롯하여 몇 개의 백혈구, 그리고 아주 작은 여러 개의 혈소판이 보입니다.

질문 25. 피는 왜 붉은색입니까?

　적혈구는 헤모글로빈이라 부르는 단백질 성분을 가지고 있습니다. 적혈구 1개에는 약 300만개의 헤모글로빈 분자가 들어있답니다. 피가 붉게 보이는 것은 이 헤모글로빈 분자 때문입니다. 헤모글로빈 분자 속에는 철분이 포함되었으며, 이 철분은 산소와 결합하는 중요한 역할을 합니다.

　혈액이 붉은색으로 선명하게 보이면, 그것은 산소를 많이 포함한 동맥의 피입니다. 그러나 그 색이 검붉게 보인다면, 그것은 산소 대신 이산화탄소를 많이 가진 정맥의 피입니다. 우리의 손등이나 팔뚝에 보이는 혈관이 검푸르게 보이는 것은, 이산화탄소를 많이 포함한 정맥피가 흐르기 때문입니다.

적혈구는 매우 작기 때문에 가느다란 모세혈관을 따라 온 몸의 세포까지 도달하여 산소와 양분을 주고, 세포에서 버리는 노폐물과 이산화탄소를 받아 나옵니다. 이때 모세혈관의 얇은 벽을 통해 산소와 이산화탄소만 아니라 영양물과 노폐물까지 드나든답니다.

이산화탄소와 노폐물을 담은 정맥피가 폐에 도달하면, 거기서 이산화탄소를 버리고 산소를 받아 심장으로 갑니다. 우리의 폐 안에 이산화탄소가 쌓이면, 뇌는 그것을 알고 숨을 내쉬게 하여 이산화탄소를 버리도록 하고, 대신 새로운 공기를 들여 마시도록 합니다. 이것이 호흡입니다. 심장의 박동과 폐의 호흡은 살아있는 동안 끊이지 않는 생명의 운동입니다.

사진 25.
헤모글로빈 분자의 구조입니다. 중앙에 산소와 잘 결합하는 철분(Fe)이 위치하고 있습니다.

질문 26. 얼마나 많이 출혈하면 생명을 잃나요?

일반적으로 어른의 몸에는 5리터 정도의 피가 온몸을 돌고 있습니다. 체격이 작거나 어린이들은 혈액 양이 적고, 반대로 큰 사람은 혈액 양도 많습니다. 우리 몸에는 모세혈관이라 부르는 가느다란 혈관이 나무의 잔뿌리처럼 뻗어 있습니다. 모세혈관까지 모두 합친다면, 혈관의 총 길이는 약 96,500km나 된다고 합니다.

동맥을 다치거나 하면 심장으로부터 높은 압력으로 혈액이 밀려나오기 때문에 짧은 시간에 많은 피를 잃게 됩니다. 그러므로 출혈을 막도록 상처를 단단히 싸매는 응급처치를 재빨리 해야 합니다. 한편 상처에서 피가 나오면 혈액이 굳어 더 이상 출혈이 멎도록 하는 응고현상이 일어납니다. 아주 드물게 선천적으로 피가 응고하지 않는 사람(혈우병 환자)이 있습니다.

우리 몸은 피의 4분의 1 이상을 잃으면 정상 기능을 하지 못해 생명이 위험해집니다. 그래서 병원에서는 출혈이 심한 환자에게 급히 수혈을 합니다. 수혈이란 건강한 사람으로부터 채혈한 피를 저장해두었다가, 피가 필요한 사람

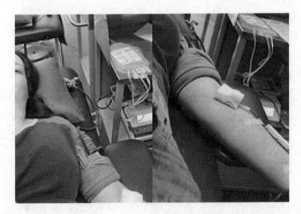

에게 넣어주는 것을 말합니다. 출혈을 하거나 헌혈을 하고 나면, 우리 몸은 재빨리 많은 혈액을 새로 생산하여 부족한 양을 보충합니다.

사진 26.
사람은 자기 혈액의 4분의 1 이상 잃으면 생명이 위험해집니다.

질문 27. 적혈구와 백혈구는 어디서 만들어지나요?

적혈구와 백혈구, 혈소판은 모두 '골수'(骨髓)라고 부르는 곳에서 마치 샘

물이 솟아나오듯 만들어져 혈관 속으로 들어갑니다. 골수란 뼈의 내부를 의미합니다. 뼈의 주변은 단단하지만 그 내부는 부드러운 조직으로 되어 있습니다. 골수에는 뼈에 공급할 영양분과 혈구를 끊임없이 만드는 조혈모세포가 자리하고 있답니다.

혈액을 생산하는 뼈는 엉덩이뼈, 가슴뼈, 두개골, 갈비뼈, 척추, 어깨뼈, 대퇴골, 위팔뼈 등입니다. 적혈구는 핵이 없으며, 생겨난 지 3~4개월 후에는 수명을 다하고 파괴됩니다.

사진 27.
과학박물관에 전시된 영장류의 골격표본입니다.

질문 28. 백혈병은 어떤 병입니까?

혈구를 생산하는 장소인 골수에 어떤 이상이 생겨 적혈구와 백혈구가 정상적으로 생산되지 않는 병이 백혈병입니다. 백혈병은 매우 드물게 발병하는 혈액 암의 일종입니다.

백혈병에 걸리면 골수에서 백혈구가 필요 이상 생겨나 혈액의 빛이 정상인보다 희게 보이기 때문에 백혈병이라는 이름이 생겼습니다. 백혈병에는 몇 가지 종류가 있으며, 어린이에게 생기는 백혈병과 성인에게 생기는 것이 있습니다.

백혈병의 초기 증상은 열이 나고 빈혈로 얼굴빛이 창백해지며, 코피를 잘 흘리고, 부딪히거나 상처를 입지 않았는데도 피부에 멍이 듭니다. 증세가 심해지면 온몸에 힘이 빠지고, 심한 빈혈 증세가 나타나며, 체중감소, 열, 식은땀이 나기도 합니다.

백혈병에 걸리면 과거에는 회복되기 어려웠지만, 지금은 치료법이 발달하여 완치되는 사람이 많아졌습니다.

질문 29. 사람에따라 왜 혈액형에 차이가 있는가요?

수술 등으로 피가 부족하여 다른 사람의 피를 받아야 하거나. 반대로 자기의 피를 다른 사람에게 수혈해야 할 때는 반드시 혈액형을 조사하여, 수혈해도 좋은지 여부를 판단합니다.

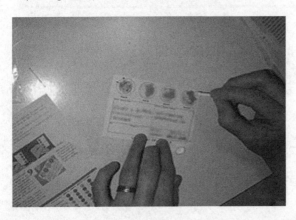

사람의 피는 적혈구와 백혈구, 그리고 이들이 떠있는 액체성분('혈장'이라 부름)으로 구성되어

사진 29.
응집원과 응집소가 놓인 곳에 혈액을 섞어 응고하는 상태를 보아 혈액형을 판정합니다.

있습니다. 각 사람은 적혈구와 혈장에 들어있는 단백질의 종류에 약간의 차이가 있기 때문에, 우리는 4가지 혈액형 중 하나를 가지게 되었습니다. 4가지 혈액형은 A, B, AB, O형입니다.

혈액형이 A형인 사람은 같은 A형과 O형의 피는 받을 수 있으나, B형과 AB형의 피는 받지 못합니다. 마찬가지로 B형인 사람은 같은 B형과 O형의 피는 받을 수 있으나, A형과 AB형의 피는 받지 못합니다. AB형은 A, B, AB, O형 모두로부터 피를 받을 수 있습니다. 그러나 AB형이 아닌 다른 혈액형에게는 자신의 피를 줄 수 없습니다. 반면에 O형인 사람은 O형의 피만 받을 수 있으며, 자신은 A, B, AB, O형 모두에게 수혈할 수 있습니다.

의사들은 가능한 같은 혈액형끼리 수혈하도록 합니다. 그러나 혈액이 모자라거나 할 때는 부득이 거부반응이 없는 다른 혈액형을 수혈합니다. 혈액형은 일생 변하지 않으며, 자기의 혈액형은 자손에게도 유전됩니다.

혈액형이 왜 다른지, 민족에 따라 혈액형의 비율이 조금씩 차이가 있는지 그 이유는 확실히 모른답니다. 우리나라 사람은 A형 34%, B형 27%, O형 28%, AB형 11% 정도입니다. 그리고 흔히 혈액형에 따라 성격을 분석하기도 하는데, 꼭 그렇다고 인정할 수는 없습니다.

질문 30. 심장 박동은 왜 손목에서 재나요?

청진기를 가슴에 대고 들으면 심장이 뛰는 소리가 크게 들립니다. 그러나 청진기 없이 손으로 맥박을 잴 때는, 손목에 손가락을 대어 맥박이 뛰는 것을 확인합니다.

다른 사람의 손목을 짚어 맥박을 잴 때는, 엄지보다 둘째손가락을 가볍게 얹어 재는 것이 정확합니다. 왜냐하면 자칫하면 자기의 엄지에서 뛰는 자신의 맥박을 잴 가능성이 있기 때문입니다.

심장에서 나온 피는 동맥을 따라 힘차게 흘러갑니다. 그러나 온몸을 돌아 심장으로 되돌아가는 정맥의 혈액은 약하게 흐르고 있습니다. 어른들의 손이나 팔뚝에 드러난 검푸른 색의 굵은 혈관은 모두 정맥입니다. 그러므로 이런 정맥에서는 맥박이 뛰는 것을 촉감으로 느낄 수 없습니다.

대개 동맥은 몸속 깊이 있고, 정맥은 피부 바로 아래에 있습니다. 손목 아래에는 동맥이 다른 부분보다 피부 가까이 지나고 있기 때문에, 그곳에 손가락을 짚으면 맥박을 느낄 수 있습니다. 의사가 손목의 맥을 짚어 건강상태를 살피는 것을 진맥(診脈)이라 하지요.

질문 31. 혈압이란 무엇이며, 고혈압이나 저혈압은 왜 생기나요?

수도관 속으로 흐르는 물의 압력을 수압이라 하지요. 이와 마찬가지로 심장이 혈관으로 혈액을 밀어내면, 혈관 속에는 혈액의 압력(혈압)이 생깁니다. 혈압이 정상보다 높으면 고혈압, 낮으면 저혈압이라 합니다.

고혈압과 저혈압이 되는 이유는 여러 가지가 있으며, 그 내용은 매우 전문

적입니다. 몸에 어떤 종류의 병이 있으면, 그것이 원인이 되어 혈압이 높아지거나 낮아지는 경우가 많습니다. 그러므로 혈압에 이상이 발견되면, 그 원인을 찾아내어 치료하도록 합니다.

나이를 먹어 가면 혈관 내부가 좁아져 고혈압이 됩니다. 그러므로 누구나 혈압이 너무 높지 않도록 늘 주의해야 하지요. 자칫 혈압이 지나치게 오르면 뇌출혈이 일어나 생명을 위협하게 됩니다.

사진 30.
손목에서 혈압과 심장박동수를 동시에 잽니다. 최고혈압 117, 최저혈압 76, 심장박동 66회로 나왔습니다.

질문 32. 추운 곳에서 떨고 있으면 왜 입술이 새파래지나요?

입술은 우리 몸에서 늘 붉은색을 드러내는 기관입니다. 입술이 유난히 붉게 보이는 것은 입술의 피부에는 지방층이 없으며 다른 피부보다 모세혈관이 많이 퍼져있기 때문입니다.

만일 우리가 추운 곳에 있거나 찬 물속에 오래 있으면, 몸은 체온을 손실하지 않기 위해 몸을 둘러싼 피부를 수축시킵니다. 피부의 혈관이 조여들면 모세혈관에 피가 잘 흐르지 못하여 붉은색이 약해지고 파리한 색으로 변합니다. 이때 우리 몸에서 가장 붉게 보이던 입술도 두드러지게 푸른색으로 변하지요. 그러나 추운 곳에서 따뜻한 곳으로 옮겨가면, 다시 피부로 혈액이 잘 흘러 몸과 입술은 붉은색을 되찾습니다.

질문 33. 추운 날이면 왜 귀가 제일 먼저 시려지나요?

겨울 동안 추운 곳에서 일하거나 나다니는 사람들, 특히 추운 계절에 전투에 참가한 장병과 등산가들은 손이나 발가락, 그리고 귓바퀴나 귓불에 동상을 입는 경우가 종종 있습니다.

기온이 영하인 곳에 있으면 우리 몸은 동상을 입을 위험에 노출되어 있습니다. 동상은 심한 냉기 때문에 조직의 세포가 얼어 파괴된 상태입니다. 동상을 입은 부분은 짓무르고 진물이 흐르며, 심한 가려움도 따릅니다. 동상부위는 병원치료를 잘 받아야 하지요. 동상 정도가 경미하면 본래 모습으로 낫지만, 동상이 심하면 큰 수술이 필요하답니다.

귀를 구성하는 귓바퀴와 귓불은 조직이 얇으면서 얼굴 밖으로 드러나 있어 찬 공기에 먼저 식습니다, 더군다나 귀에는 혈관까지 적게 분포되어 있어 찬 공기에 약할 수밖에 없습니다. 만일 귀에도 혈관이 발달하여 혈액 공급이 잘 된다면 더운 피가 많이 흘러 냉기를 잘 견디게 하겠지요.

귀를 드러내고 영하의 찬바람이 부는 곳을 다닐 때는, 자주 손바닥으로 감싸 따뜻하게 해주고, 손으로 문질러 혈액이 잘 공급되도록 하는 것이 동상

예방에 좋습니다. 만일 장시간 귀를 혹한 속에 노출해야 한다면, 머플러로 귀를 싸거나 귀마개를 해야 합니다.

귀에는 혈관만 아니라 신경도 적게 분포하고 있습니다. 따라서 혈액검사를 하기 위해 약간의 혈액을 채취할 때는, 통증이 적은 귓불 부분을 바늘로 찔러 채혈할 때가 있습니다. 또 귀걸이를 꿰기 위해 구멍을 뚫는 귓불은 마침 통증이 적은 부분이지요.

겨울 철새들은 찬 물속을 아무 불편없이 걸어 다니고 있습니다. 만일 사람이 맨발로 얼음 같은 물속에 들어간다면 단 몇 분도 견디지 못할 것입니다. 새들의 다리가 냉수 속에서 잘 견딜 수 있는 것은, 피부가 둔감한 각질로 덮여 있기도 하지만, 다리와 발의 혈관으로 따뜻한 피가 많이 흐르고 있기 때문입니다.

질문 34. 퍼렇게 멍이 드는 이유는 무엇입니까?

몸이 무엇인가에 심하게 부딪히면, 그 부분의 모세혈관이 파괴되면서 피가 세포 사이로 스며 나옵니다. 충격을 받은 자리가 정강이나 이마처럼 뼈가 바로 밑에 있으면 혹처럼 불룩 나오지요. 이것은 그곳에 스며 나온 피의 양이 많기 때문입니다.

충격받은 자리는 피부 아래의 출혈 때문에 처음에는 붉은색이다가 차츰 파란색의 멍이 됩니다. 이 멍은 시간이 지나면서 갈색으로 변하고, 다시 노

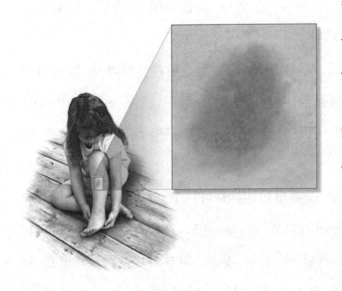

란색으로 되었다가 본래의 피부색으로 되돌아갑니다. 그 사이에 조직 속에 흘러나와 있던 적혈구는 분해되어 모세혈관으로 들어가 노폐물로 차츰 청소가 이루어집니다.

사진 34
멍은 피부 아래의 모세혈관이 터져 적혈구가 흘러나온 것입니다.

질문 35. 칼에 베이거나 긁히거나 하여 상처가 난 자리에는 왜 딱지가 생기나요?

식물의 줄기에 상처를 주면 수액이 흘러나와 굳으면서 상처자리에 세균이 침입하지 않도록 보호합니다. 이와 비슷한 현상이 우리의 피부 상처에서도 일어납니다.

피부에 상처를 입으면 상처자리의 모세혈관(실핏줄)이 파괴되어 혈액이 밖으로 나옵니다. 이때 혈액 속에 포함된 타원형의 작은 혈소판이 상처 자리에서 서로 엉겨 붙어 혈관에서 혈구세포들이 나오지 못하도록 단단히 굳어집니다. 이것이 검붉은 색의 상처 딱지입니다. 이처럼 혈액응고가 일어날 때는 혈장 속에 있던 '혈액응고인자'라는 화학물질도 함께 작용합니다.

상처의 딱지는 세균의 침입을 막을 뿐 아니라, 새살이 돋아나 빨리 회복되도록 상처자리를 보호해줍니다. 상처 자리에 새로 생겨나는 세포는 매우 연약합니다. 그러므로 상처에 딱지가 앉으면, 그 자리가 곪지 않는 한, 저절로 떨어지기를 기다려야 빨리 낫습니다. 만일 상처의 딱지를 계속 뜯어내거나 하면, 세균이 침입하여 상처가 더 악화되면서 흉터가 생길 가능성이 많아집니다.

질문 36. 상처 자리에 물집이 생기면 그것을 터뜨려야 좋은가요?

피부가 불에 데거나, 강한 햇볕을 쬐거나, 독성이 심한 화학물질에 닿거나, 크기가 맞지 않는 신발을 신어 피부 한 부분에서 계속하여 마찰이 일어나거나, 오랜만에 테니스 라켓을 휘두르거나 하면 물집이 생깁니다. 이 물집은 상처의 딱지와 마찬가지로 다친 곳을 보호하는 중요한 작용을 합니다.

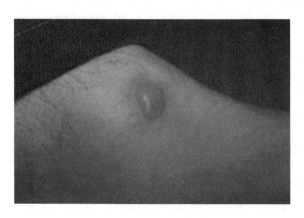

피부 아래에 고인 액체는 혈액에서 나온 백혈구와 체액입니다. 불룩한 물집은 상처를 입은 연약한

사진 36.
물집은 피부 아래에 백혈구 모인 것입니다. 물집은 저절로 터지도록 두는 것이 세균 감염을 막는데 도움이 됩니다.

피부 세포를 감싸서 보호해주는 역할을 합니다. 물집이 생겼을 때 이것을 즉시 터뜨려 물집을 덮은 피부를 벗겨내면, 세균이 들어가고, 무엇에 닿으면 아픕니다.

그러므로 물집은 한동안 그대로 두는 것이 좋습니다. 물집은 얼마 지나면 저절로 터집니다. 만일 미리 터뜨릴 이유가 있을 때는 그 부분을 알코올로 소독하고, 소독한 바늘로 찔러 체액을 뽑아냅니다. 이때 구멍을 몇 개 뚫기도 합니다. 수액이 빠져나온 뒤에는 항생제 연고를 바르고 보호 밴드를 하여 세균이 감염되는 것을 막도록 합니다.

질문 37. 상처가 빨리 낫지 않을 때 생기는 고름은 무엇입니까?

작은 상처는 대개 고름이 생기지 않고 그대로 낫습니다. 그러나 상처가 깊거나 하면, 그 자리에 희고 누르무레한 고름이 생겨납니다.

상처를 입으면 그곳에 백혈구가 몰려와 침범한 세균을 잡아먹습니다. 서로 싸우다 죽은 백혈구와 세균의 시체를 비롯하여 상처 입은 조직 등이 썩어 혼합된 것이 고름입니다. 그러므로 고름에서는 나쁜 냄새도 납니다.

상처가 잘 낫지 않고 고름이 계속 생기면 항생제 연고를 바르거나 약을 먹거나 하여 빨리 낫도록 해야 합니다. 조직 깊숙한 곳에 고름이 생기면 잘 낫지 않으므로 의사에게 수술치료를 받아야 합니다. 고름이 생긴 것을 함부로 짜면, 상처 부위가 더 악화되기도 합니다.

질문 38. 혈액원에서는 어떤 방법으로 혈액을 오래 보관합니까?

혈액은행은 혈액을 보관하고 관리하며, 의사의 요청에 따라 혈액을 공급하는 일을 하는 중요한 의료기관입니다. 혈액은행에서는 혈액을 적혈구, 혈장, 혈소판으로 분리하여 저장했다가 필요에 따라 사용토록 합니다.

건강한 성인의 몸에는 5리터 정도의 혈액이 들어 있습니다. 이 혈액 속에는 약 25조개의 적혈구가 들어있지요. 우리의 적혈구는 골수에서 1초에 800만 개 정도 만들어지고, 동시에 같은 수의 늙은 적혈구(수명 약 120일)는 간에서 분해되고 있습니다.

헌혈한 혈액을 병에 받아 그대로 두면 응고하거나 변질되어 사용할 수 없게 됩니다. 혈액은 냉장고에 넣어두어도 3주간 이상 보관하기 어렵습니다.

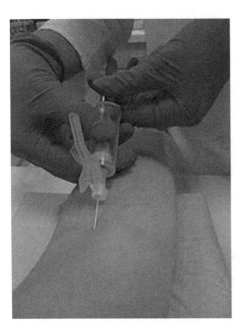

그러나 오늘날의 혈액원에서는 헌혈한 피를 특수한 방법으로 처리하여 매우 낮은 (어떤 경우 영하 196도의 저온) 온도에서 보관했다가 10년 후에라도 사용할 수 있도록 합니다.

사진 38.
적혈구는 1초에 약 800만 개 만들어지고, 늙은 적혈구는 그 수만큼 간에서 분해됩니다.

제3장
내 몸의 모습은 왜 이럴까?

질문 39. 배꼽은 왜 생긴 것인가요?

아기가 자라는 어머니의 뱃속 부위를 '자궁'이라 말합니다. 수정된 난세포는 자궁 속에서 세포분열을 거듭하여 수천억 개의 세포로 늘어나면서 머리와 몸과 손발을 가진 아기로 성숙합니다. 아기가 자라는데 필요한 영양분과 산소는 탯줄을 통해 어머니의 몸에서 공급됩니다.

자궁 속 아기의 배꼽 위치에 연결된 튜브처럼 생긴 탯줄은 어머니의 몸(자궁 벽)과 연결되어 있습니다. 배꼽은 바로 이 탯줄이 붙어 있던 자리에 남은 자국이랍니다. 탯줄은 2개의 동맥과 1개의 큰 정맥이 들어 있는 길이가 1.2미터쯤 되는 관이지요. 이 탯줄은 영양물질과 산소를 어머니 몸으로부터 받아들이는 동시에, 아기 몸에서 생긴 노폐물과 탄산가스를 어머니 쪽으로 내보냅니다.

아기가 어머니 몸속에 있을 동안 탯줄은 없어서는 안 되는 생명의 줄이지만, 일단 태어나면 필요 없어집니다. 왜냐하면 그때부터 코로 공기를 마시고 폐호흡을 직접 해야 하고, 입으로 어머니의 젖을 먹으며 영양분을 공급받아야 하기 때문입니다.

그러므로 아기가 탄생하면, 배꼽 앞에서 탯줄을 묶고 가위로 자릅니

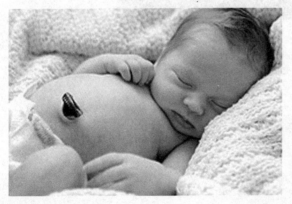

사진 39.
아기 배꼽에 탯줄 일부가 붙어 있습니다. 탯줄은 저절로 말라 떨어집니다.

다. 배꼽 자리에 남은 탯줄은 1주일 쯤 후 마르고 시들어 아기 몸에서 완전히 떨어집니다. 그것이 붙었던 곳에 배꼽이라 부르는 흔적이 남습니다. 아기 때의 배꼽은 밖으로 볼록 나와 있지만, 자라면서 움푹하게 들어갑니다.

질문 40. 키가 많이 자랄 때, 잠자는 중에 다리가 아픈 이유는 무엇입니까?

우리의 근육은 뼈에 붙어 있습니다. 뼈와 근육은 탄력성이 좋은 힘줄로 연결되어 있습니다. 청소년들이 사춘기에 이르면 키가 1년에 10cm 이상 쑥쑥 자라기도 합니다. 이 시기에는 잠자는 동안 다리가 아픈 날들이 있는데, 키가 너무 빨리 크기 때문에 생기는 통증이므로 '성장통'이라 한답니다.

우리가 운동하면서 팔이나 다리 근육을 지나치게 쭉 뻗으면 힘줄이 당겨 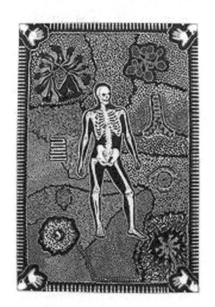 아픔을 느낍니다. 성장통은 이와 비슷합니다. 키가 조금씩 자라는 어린 시기에는 느낄 수 없지만, 키가 크느라 뼈가 너무 빨리 자랄 때는 근육과 힘줄의 성장이 뼈의 자람을 미처 따르지 못해, 잠자는 동안 통증을 느끼는 것

사진 40.
키가 빨리 자랄 때는 뼈의 생장 속도와 근육의 발달이 일치하지 않아 잠자는 동안 성장통을 느끼게 됩니다.

입니다.

성장통은 건강과 관계가 없으므로 염려하지 않아도 되며, 얼마동안 아프다 사라집니다. 그러나 만일 그 통증이 견디기 어렵도록 심하고, 오래 계속된다면 의사를 찾아가야 합니다. 혹시나 감염이 되었거나 상처를 입었을지 모르니까요.

질문 41. 장수하는 사람은 얼마나 오래 살 수 있을까요?

프랑스의 한 할머니는 1997년에 122살 나이로 세상을 떠났습니다. 현대의학의 기록으로 이 보다 더 장수한 사람은 없다고 합니다.

과학자들은 인간의 수명은 120세 이하일 것이라고 생각합니다. 그 이유는 일반적으로 포유동물은 생장(키와 몸이 자라는) 기간보다 5~6배 더 삽니다. 그러므로 대개 20세까지 성장하는 인간은 이 기간의 5~6배가 되는 100~120년을 살 것이라고 추측하는 것입니다.

약 2,000년 전의 인간의 평균수명은 22세 정도로 낮았습니다. 태어나자마자 죽는 아기가 많았고, 기생충이나 전염병 등에 대한 예방이나 치료책이 전혀 없었기 때문입니다. 1900년대 초에 이르자 평균 수명은 47세 정도로 늘었습니다. 그러나 100년이 더 지난 오늘날의 미국과 일본인의 평균 수명은 80세에 육박하고 있습니다.

우리나라의 경우, 1920년대 말의 평균수명은 남자 32.4세, 여자 35.1세였습니다. 그러나 2000년의 한국인 평균수명은 남자 71.1세, 여자 79.2세, 평균 75.2세로 높아졌습니다. 이것은 70년 동안에 평균수명이 41세나 증가한 것입니다.

지난 날 평균 수명이 짧았던 이유는, 의학이 발달하지 못하고 상하수도와 같은 위생시설이 나빴던 탓도 있지만, 어린 아기들이 병으로 많이 죽었던 때문입니다.

질문 42. 우리 몸에는 뼈가 몇 개나 있습니까?

금방 태어난 아기는 330개의 뼈로 구성되어 있으나, 자라면서 많은 뼈들이 서로 붙어 하나의 뼈로 됩니다. 일반적으로 성인은 206개의 뼈를 가지고 있습니다. 그러나 어떤 사람은 발바닥의 뼈나 갈비뼈가 한두 개 더 있기도 합니다.

인체의 대부분은 부드러운 살로 되어 있습니다. 뼈는 인체의 살을 적절히 고정하여 바르게 체형을 만들어주는 동시에, 인체 각부를 보호하는 작용을 합니다. 예를 들어 바가지처럼 둥그런 두개골은 인체의 중추기관인 뇌를 보호합니다. 또한 창살처럼 이루어진 갈비뼈는 심장과 폐를 잘 감싸주고 있습니다.

손과 팔, 발과 다리의 마디와 관절을 이루는 뼈의 수는 전체 뼈의 절반 이상입니다. 손가락과 발가락, 그리고 관절이 있는 부분은 여러 개의 작은 뼈와 근육으로 구성되어 있습니다. 우리가 손을 교묘히 놀려 물건을 자유롭게 만지고, 발끝으로도 서서 자세를 취할 수 있는 것은, 관절을 이루는 작은 뼈와 근육이 유연하게 움직이기 때문입니다.

특히 관절을 이루는 뼈들은 주변을 연골(물렁뼈)이 둘러싸고 있어 더욱 유연하게 움직일 수 있도록 해줍니다. 몸을 움직여주는 근육은 뼈에 결합되어 있으며, 뼈와 근육 사이는 '힘줄'(건)이라 부르는 탄력성 좋은 끈 같은 조직이 연결하고 있습니다. 예를 들어 우리가 팔을 폈다 오므렸다 한다면, 팔의 여러 근육이 신축할 때마다 힘줄이 당기고 풀어주는 작용을 합니다.

발꿈치와 종아리뼈를 연결하는 힘줄을 아킬레스건이라 합니다. 인대는 손목,

발목, 무릎 등의 관절을 둘러싸서 보강하는 섬유성 조직을 말합니다.

사진 42.
거대한 고래는 몸을 버티는 뼈의 수도 매우 많습니다.

질문 43. 우리 몸에서 가장 큰 뼈와 작은 뼈는 어떤 것입니까?

성인이 가진 206개의 뼈 중에서 제일 큰 것은 양쪽 허벅다리를 이루는 대

퇴골(허벅다리뼈)입니다. 키가 180cm인 사람의 대퇴골 길이는 약 51cm입니다. 허벅다리와 종아리의 뼈는 무거운 체중을 견디면서 걷고 달리고 해야 하기 때문에 매우 튼튼하지요.

뼈 중에 제일 작은 뼈는 귀의 고막 뒤 중이(中耳)에 있는 '등자골'이라는 것입니다. 중이에는 추골, 침골, 등골(등자골) 이렇게 3개의 작은 뼈가 있습니다. 등자(橙子)는 말을 탈 때 발을 걸치는 부분의 모양을 나타냅니다. 고막이 울리면 이 작은 뼈 3개가 차례로 떨리면서 큰 진동이 되어 청신경을 자극하게 되지요.

질문 44. 뼈가 부러지면 어떻게 되나요?

뼈는 우리 몸에서 기둥과 같은 중요한 역할을 합니다. 뼈는 몸을 받쳐주는가 하면, 뛰고 걷고 일하고 운동하는 모든 동작을 하게 해줍니다. 뼈의 움직임을 자유롭게 하는 역할은 뼈와 뼈를 연결하는 관절과, 뼈에 붙은 근육이합니다. 뼈는 이처럼 중요한데도 불구하고 사람들은 뼈의 값어치를 평소에는 잘 모르고 삽니다. 그 이유는 뼈가 겉으로 들어나지 않고 몸 안에 있기 때문입니다.

사고로 뼈가 부러지면 그때서야 우리는 뼈의 중요함을 절실하게 압니다. 뼈가 다치는 것은 큰 부상입니다. 골절의 원인은 심하게 부딪히거나 넘어지거나 하여 외부로부터 강력한 충격을 받은 탓입니다. 그 외에 뼈에 병이 생겨 약해진 탓으로 부러지는 경우도 있습니다. 몸의 뼈 중에서 제일 자주 골절되는 곳은 손목 바로 위 부분입니다. 그 이유는 앞으로 쓰러질 때 손으로 땅을 급히 짚기 때문입니다.

심한 사고로 부러진 뼈가 피부 밖으로 나오거나, 여러 조각으로 깨지는 경우가 있습니다. 그러나 대부분의 골절은 내부에서 깨끗한 상태로 부러집니다. 골절의 상태는 X선 사진으로 보아야만 확실하게 알 수 있습니다. 의사들은 사진을 보고, 뼈를 정확한 위치에 맞춘 다음, 부목을 대거나 석고로 깁스를 하여 한 동안 움직이지 않도록 합니다.

다행스러운 것은, 뼈가 부러지면 그 순간부터 골절 부위의 뼈세포가 그 동안 중지하고 있던 분열활동을 다시 시작하여 서로 단단히 붙는다는 것입니다. 접착이 끝나면 뼈의 세포분열은 중지됩니다. 부러진 뼈는 잘 보호하면 2,3주 안에 뼈와 뼈끼리 붙고, 뼈와 근육 사이도 다시 연결이 이루어집니다. 뼈가 재생하기까지는 나이가 많을수록 오래 걸리지만 청소년들은 빨리 붙지요.

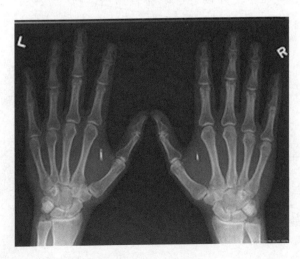

사진 44.
손가락뼈의 모습 인체에서 가장 작은 뼈는 귀의 고막 뒤에 붙은 추골, 침골, 등골 3개입니다.

질문 45. 팔꿈치 안쪽 쑥 들어간 부분이 부딪히면 왜 깜짝 놀라도록 시큰한가요?

팔꿈치 위의 큰 팔뼈를 상완골이라 합니다. 이 상완골로부터 팔꿈치 안쪽으로 커다란 신경이 지나고 있습니다. 팔꿈치를 잘못 휘둘러 그곳이 뾰족한 곳

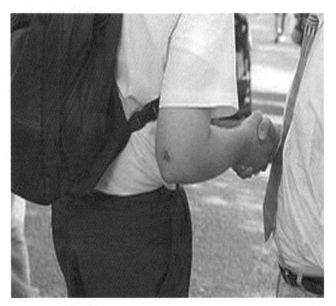

에 부딪거나 하면, 깜짝 놀라도록 시큰거리지요. 심하게 부딪히면 그때의 저린 통증이 한참 동안 진행되기도 합니다. 그러나 대부분의 경우 아픔은 곧 사라집니다.

사진 45.
팔꿈치 뒤쪽 쑥 들어간 곳에는 커다란 신경이 있어, 충격을 받으면 아픕니다.

질문 46. 손가락 마디를 당기거나, 무릎을 폈다 오므렸다 하면, 관절에서 왜 뚝! 하거나 우두둑 하고 소리가 나지요?

관절은 2개 또는 몇 개의 뼈가 서로 만나는 곳입니다. 이 관절 부분에는 쉽게 움직일 수 있도록 윤활유 역할을 하는 액체가 둘러싸고 있습니다. 만

일 손가락을 쑥 잡아당기거나, 관절을 크게 움직이거나 하면 관절 사이가 순간적으로 벌어지면서 액체가 없는 빈자리가 생기고, 그 공간으로 급히 주변의 액체가 몰려 들어가지요. 손가락 관절에서 나는 똑! 소리는 바로 그때 생기는 것입니다. 자세를 갑자기 바꾸거나 할 때 무릎의 관절이라든가 발목, 발가락뼈, 목뼈 등에서도 똑! 또는 우두둑! 하고 소리가 납니다. 손가락

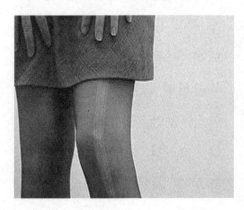

을 당겨 이런 소리가 한 차례 나고 나면, 적어도 5~10분 정도 더 지나야 다시 소리가 날 수 있습니다.

사진 46.
무릎 관절에서는 큰 소리가 납니다.

질문 47. 인체에는 몇 개의 근육이 있습니까?

우리 몸무게의 절반은 근육이 차지합니다. 인체가 움직일 수 있는 것은 모두 근육 덕분입니다. 인체의 근육은 구조가 복잡하여 정확한 수를 말하기 어렵습니다. 해부학자에 따라 656~850개 정도로 나누고 있습니다.

인체의 근육은 의지(생각)에 따라 움직이는 수의근(隨意筋)과, 무의식적으로 활동하는 불수의근(不隨意筋)으로 나눌 수 있습니다. 예를 들어 손으로 물건을 들어올리고, 걷고, 높은 곳에서 뛰어 내리고, 고개나 허리를 돌리고, 턱으로

음식을 씹고, 혀와 눈 등을 움직이는 운동은 수의근에 의해 이루어집니다.

반면에 심장이 펄떡이며 피를 혈관으로 내보내고 빨아들이는 운동이라든가, 위장과 장의 소화 활동, 폐가 숨쉬는 운동 등은 우리의 의지와는 관계없이 저절로 이루어지는 불수의근의 작용입니다.

모든 근육이 절절히 움직이도록 지령을 내리는 것은 신경계입니다. 신경은 외부의 정보를 받아 뇌로 전하고, 뇌는 그에 적절하게 반응하도록 신경을 통해 명령을 보냅니다.

사진 47.
인체를 이루고 있는 근육의 수는 해부학자의 주장에 따라 656개에서 850개까지 차이가 있습니다.

질문 48. 우리 몸에서 제일 큰 근육과 제일 작은 근육은 어디에 있습니까?

인체의 근육 중에 제일 큰 것은 엉덩이 근육(둔근)입니다. 이 둔근은 하체 근육의 대부분을 차지하며, 인체에서 가장 큰 뼈인 대퇴골을 움직이고 있습니다. 반면에 가장 작은 근육은 안구를 움직이는 근육이랍니다.

우리가 웃으면 17개의 얼굴 근육이 움직이고, 찡그리면 43개가 사용된답니다.

질문 49. 우리 몸에서 제일 힘센 근육과, 동작이 가장 빠른 근육은 어느 것입니까?

우리 몸에서 제일 큰 근육(둔근)이 가장 힘센 근육이 아닐까 생각하기 쉽습니다. 그러나 가장 강력한 근육은 턱의 근육이랍니다. 인간의 턱뼈는 약 90kg 또는 그 이상의 힘을 발휘합니다. 우리의 근육은 사용할수록 강해집니다. 음식을 씹는 턱 근육도 많이 쓸수록 튼튼해집니다.

우리 몸의 근육은 모두 빠르게 움직이는 것으로 생각됩니다. 그러나 제일 민첩한 근육은 안구를 상하좌우로 움직이는 근육입니다. 근육의 동작 빠르기도 훈련할수록 빨라집니다. 피아노나 타자를 치는 손의 속도, 바이올리니스트의 손과 팔 움직임, 운동선수들의 빠른 동작을 보면 알 수 있습니다.

사진 49.
인간의 손가락 근육은 힘이 강하고 동작도 빠르며, 좀처럼 지치지 않습니다. 혹 피로하더라도 금방 회복되는 놀라운 능력을 가졌습니다.

질문 50. 같은 동작을 연달아 하면 왜 근육이 아프고 피로해져 더 이상 움직일 수 없게 됩니까?

빠른 속도로 계속 달리거나, 무거운 것을 반복하여 들거나, 쪼그리고 앉아

토끼뜀을 연달아 하면, 다리나 팔 근육은 금방 지쳐 더 이상 움직일 수 없는 상태가 됩니다. 이러한 현상이 나타나는 원인은 근육세포에 산소가 부족해지고 '젖산'이 많이 생겨난 때문입니다.

근육을 반복하여 움직이면 근육세포에 저장되어 있던 포도당이 분해되어 젖산과 이산화탄소가 됩니다. 이때 혈관을 통해 포도당과 산소가 계속 공급되지 않으면, 근육세포는 에너지로 사용할 영양분과 산소가 부족해 더 이상 활동할 수 없는 상태에 이릅니다. 그러나 적당한 속도와 힘으로 운동하면, 혈액을 통해 근육세포에 영양분(포도당 등)과 산소가 계속 공급됩니다. 근육세포에서 생겨난 젖산은 혈액으로부터 산소를 공급받으면 다시 포도당으로 변화됩니다.

질문 51. 평소에 하지 않던 운동을 갑자기 하고나면 왜 심한 근육통이 생깁니까?

근육은 가느다란 실을 수천 가닥 모은 천과 같은 구조입니다. 평소 하지 않던 운동을 무리하게 장시간 하면, 이러한 근육의 섬유가 피곤해져 손상을 입게 됩니다. 등산을 한 후에는 대개 종아리의 근육이 통증을 느끼게 되고, 공 던지기나 무거운 것을 많이 들고 나면 팔 근육통이 생깁니다. 이런 근육통은 누구나 갖는 자연스런 일입니다.

운동 후에 오는 근육통은 금방 느껴지지 않고 하루 쯤 지난 뒤에 나타나며, 2~3일 지나면 손상이 회복되어 아픔도 사라집니다. 처음 운동 후에 심하게 근육통이 느껴지더라도, 매일 같은 운동을 적당히 하면 근섬유는 그 정도 운동에 차츰 익숙해지고 강화되어 어지간히 운동해서는 아픔을 느끼지 않게 됩니다.

질문 52. 근육운동을 하면 근육이 불룩 커지는 이유가 무엇인가요?

육체미대회에 출전한 선수들은 우람한 근육을 자랑합니다. 사람은 어떤 근육을 계속하여 많이 사용하면 그 근육이 커집니다. 축구선수들의 튼튼한 허벅지 근육이라든가, 남녀 무용수들의 다리 근육, 체조선수의 팔 근육, 레슬러들의 탄력 있는 거대한 근육을 보면, 일이나 운동이 근육을 강화시킨다는 것을 증명합니다.

근육은 인간의 다른 조직과 달리 특별하게 만들어진 조직입니다. 근육은 활동할 때를 대비하여 힘(에너지)을 비축해두는 능력을 가졌습니다. 우리의 근육은 바늘보다 작은 것을 드는 매우 미소한 힘을 낼 수도 있고, 수백kg의 큰 힘을 순간적으로 나타낼 수도 있습니다.

근육세포는 섬유와 같은 모습인 근섬유로 이루어져 있습니다. 작은 힘을 낼 때는 근섬유 몇 개가 움직이고, 큰 힘을 쓸 때는 그에 맞는 많은 섬유가 움직이게 되지요. 사람들이 즐겨 먹는 쇠고기나 돼지고기의 살은 바로 근육 조직입니다.

힘을 쓰지 않고 있을 때의 근육은 부드럽고 느슨한 상태입니다. 그러나 일단 힘을 내기로 작정하면 수백분의 1초도 안 되는 짧은 시간에 강력한 세포로 변합니다. 이러한 변화는 어떤 전기나 기계장치도 할 수 없습니다.

사람은 성장기를 지나면 근육세포가 더 이상 분열하지 못하기 때문에 그 수는 더 이상 증가하지 않습니다. 예를 들어 30세 때 가지고 있던 근육세포의 수는 75세가 되면 줄어들어 약 75%만 남기도 합니다. 그럼에도 불구하고 운동선수의 근육이 커지는 이유는, 세포수가 증가한 것이 아니라 근육세포 자체가 비대해진 결과입니다. 예를 들어, 팔로 매일 장시간 무거운 물건을 들거나 어떤 운동을 한다면, 팔의 근육세포는 일(운동)을 효과적으로 할 수 있도록 근육 세포를 확대시킵니다. 즉 세포 내부에 에너지(영양물질)와 산소를 더 많이 저장하도록 근섬유를 강화시킵니다.

우람한 가슴 근육이나 다리 근육을 가졌다 하더라도, 오래도록 근육을 사용하지 않으면 근육세포는 마침내 보통의 상태로 돌아갑니다. 다리 골절상을 입고 몇 달 동안 깁스를 한 상태로 다리운동을 하지 않으면, 부상당한 다리의 근육이 작아집니다. 그러나 회복 후에 걷고 달리고 운동을 하면 근육의 크기는 회복됩니다.

근육운동을 한다면, 운동 시작 전과 운동 후의 근육 크기도 훨씬 달라집니다. 운동을 계속하고 있으

사진 52.
근육이 커진 것은 근육 세포의 수가 증가한 것이 아니라 근육세포가 커졌기 때문입니다.

면 근육 조직으로 더 많은 혈액이 흘러들어와 영양분과 산소를 가득 공급하기 때문입니다.

근육운동을 계속하면 근육은 무제한으로 크게 발달할 수 있을까요? 근육 발달에는 일정한 한계가 있습니다. 아무리 근육운동을 해도 영화에 나오는 괴인 헐크처럼 큰 근육을 만들게 되지는 않습니다.

운동선수이든 누구든 같은 근육을 늘 강력하게 사용하면, 그 근육은 산소와 영양분을 다량 비축해두고 언제라도 사용할 수 있도록 변화됩니다. 그러므로 축구선수의 다리 근육이라든가 역도선수의 팔다리 근육은 크게 강화되어 있습니다

이와 마찬가지로, 늘 가쁜 호흡을 하며 뛰어야 하는 운동 선수들은 혈액을 온 몸으로 보내는 심장 근육이 다른 사람보다 크게 발달합니다. 이처럼 일반인보다 크고 강력한 운동선수의 심장을 특별히 '스포츠 심장'이라 부릅니다. 스포츠 심장은 운동을 시작하면 금방 활발히 활동하고 잘 지치지 않는답니다.

질문 53. 뚱뚱한 사람은 세포의 수가 많아진 것인가요?

어릴 때는 모든 조직의 세포가 분열을 계속하여 그 수가 늘어난 탓으로 키도 자라고 몸도 불어나게 됩니다. 그러나 20세가 조금 더 지나면 세포의 분열이 중단되므로 더 이상 세포 수가 늘어나지 않습니다. 다만 조직에 상처

를 입으면 손상된 부분이 원상으로 회복될때까지만 세포분열이 잠시 다시 이루어집니다.

운동선수의 근육이 큰 이유는 세포의 수가 증가한 것이 아니라 근육 세포가 커진 것이라 했습니다(질문 52 참조). 이와 마찬가지로 비만한 사람 역시 세포 수가 많아진 것이 아니라, 지방세포가 지방질을 다량 저장하고 있답니다.

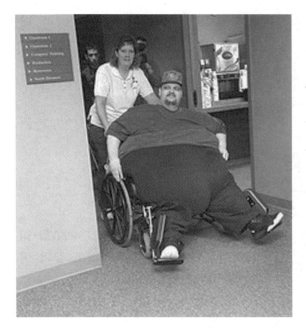

나이가 들면서 피부에 주름이 생기고 근육이 작아지는 것은 세포의 수가 오히려 줄어든 때문입니다. 그러나 심장이나 폐와 같은 장기의 근육은 죽을 때까지 그 크기가 일정하게 유지됩니다.

사진 52.
체중이 500kg에 이르지만 세포의 수는 늘지 않았습니다. 다만 세포가 더 많은 양의 지방질을 저장하고 있습니다.

질문 54. 근육은 1초에 몇 번이나 신축할 수 있습니까?

심장을 움직이는 근육은 1초에 1~2회 신축하고 있습니다. 피아니스트나 바이올리니스트의 연주하는 손이나, 컴퓨터 자판을 잘 치는 사람은 훨씬 빨리 움직입니다. 사람은 훈련에 따라 더욱 빨리 근육을 신축할 수 있게 됩니다. 권투나 태권도 선수가 재빠르게 손발을 내미는 것은 훈련의 결과입니다. 근육이 보다 빨리 움직일 수 있으려면 신경의 기능도 함께 발달해야 합니다.

어떤 동물들의 근육은 사람보다 훨씬 빠르게 동작합니다. 꽃에서 꿀을 빨아먹고 사는 벌새는 1초에 50~70회 날개를 퍼덕이며 헬리콥터처럼 공중에 떠 있을 수 있습니다. 곤충의 근육은 더 빠르게 움직입니다. 붕붕거리며 나

는 집파리는 1초에 200~300회 날개를 퍼덕이고, 잠자리는 약 400회, 각다귀는 600~1,000회 움직입니다.

사진 54.
벌새의 날개근육은 1초에 50~70회 퍼득이며, 공중에 정지한 상태로 꽃의 꿀을 빨아먹습니다.

질문 55. 두 손으로 여러 개의 공을 던져 올리고 받기를 계속하는 곡예사는 어떻게 그런 동작을 빠르고 정확하게 할 수 있나요?

축구선수가 자기 앞으로 굴러오는 공을 머리로 받아 동료에게 보낸다면,

그 동작은 의식적으로 한 것입니다. 그러나 **빠른** 속도로 머리를 향해 날아 오는 공을 자신도 모르게 피했다면, 이것은 무의식적으로 행한 반사운동입니다. 앞의 행동은 뇌가 공이 오는 것을 판단하여 머리로 받도록 명령을 했습니다. 그러나 뒤의 경우는 뇌가 알기도 전에 반사적으로 취한 행동입니다. 이러한 반사운동은 자신을 위험으로부터 보호하는 중요한 기능입니다.

뛰어난 곡예사는 두 손으로 여러 개의 공만 던지는 것이 아니라, 동시에 두 발에 몇 개의 링을 끼워 돌리다가 공중으로 던져 올리고 다시 받아 돌리는 일도 간단한 듯이 합니다. 사람이 이와 같은 일을 할 수 있게 되는 것은 훈련에 따라 신경과 근육의 기능이 변화된 때문입니다. 인간의 근육과 신경은 반복하여 훈련하면 극도로 발달하여 상상하기도 어려운 동작을 할 수 있게 됩니다. 인간의 감각기관과 신경에 대해서는 그 동안 의학자들이 많은 연구를 해왔지만, 아직도 모르는 것이 많습니다.

사진 55.
훈련에 따라 한 손으로 여러개의 공을 떨어뜨리지 않고 연달아 던져 올리고 받을 수 있습니다.

질문 56. 우주비행을 오래 하고 있으면 근육과 뼈가 약해진다고 하는데, 그 이유는 무엇입니까?

우리의 몸무게는 지구상 어디에 가서 재더라도 같은 값입니다. 그러나 체중 60kg인 사람이 달나라에서 재면 약 10kg이 되고, 우주공간이라면 0kg으로 나옵니다.

체중은 우리 몸에 작용하는 지구의 중력입니다. 우주공간은 중력이 없는 무중력(무중량) 상태의 장소입니다. 그리고 달의 크기는 지구의 6분의 1에 불과하여, 중력도 6분의 1로 줄어듭니다. 과학자들은 지구의 중력은 1G, 달은 1/6G, 우주공간은 0G, 태양은 28G라고 표현합니다.

우리의 몸(근육과 뼈 등)은 1G 조건에서 활동하기 적당하도록 발달되어 있습니다. 그러므로 달 표면에서 점프를 하면 지구에서보다 몇 배나 높이 뛰어오릅니다. 반면에 그렇게 뛰면 몸은 균형을 잘 잡지 못하는 상태가 됩니다.

중력이 아주 없는(0G) 우주공간에서는 몸이 둥둥 뜨는 상태가 되며, 상하의 구별이 느껴지지 않습니다. 우주선 안의 물건들은 모두 무게가 없습니다. 그러므로 큰 힘을 사용해야 하는 일도 거의 없고, 일부러 운동을 한다고 해도 근육과 뼈가 지상에서처럼 제대로 활동하지 않습니다. 그 결과 무중력 공간에서 오래 지내면, 병상에서 장기간 누워 지낸 환자처럼 근육이 약해지는 현상이 일어납니다.

우주공간에서 몇 달 동안 지내던 우주비행사가 지구로 돌아오면, 한동안 일어서 있는 것조차 힘들어합니다. 서기만 하면 지구의 중력 때문에 머리

쪽의 혈액이 다리 쪽으로 내려오므로, 얼굴이 창백해지면서 뇌에 혈액이 부족한 뇌빈혈을 일으켜 의식을 잃기도 합니다. 이런 현상은 우주공간에 오래 지내는 동안 심장의 근육과 혈관의 운동기능이 약해져 혈액을 힘차게 밀어 보내지 못하기 때문입니다.

무중력인 곳에서 오래 지내면, 근육만 아니라 뼈까지 약해집니다. 뼈가 변하는 중요한 이유 하나는, 뼈가 하는 일이 줄어듦에 따라 뼈 속의 칼슘이 감소한 때문입니다. 그러므로 인간이 우주비행을 장기간 해야 할 때는 그에 대비한 의학 연구가 뒤따라야 합니다.

사진 56.
우주실험실에서는 비행사들이 장기간 머물며 실험을 합니다. 우주공간에서 오래 지내면 인체에 여러 가지 변화가 생겨납니다.

질문 57. 인체에서 가장 중요한 기관은 어디라고 할 수 있습니까?

뇌, 위, 폐, 심장, 간, 뼈, 근육, 눈, 귀와 같은 인체의 각 기관은 중요하지 않은 것이 없습니다. 그 중에서도 제일 중요한 기관은 뇌라고 말할 수 있습니다. 뇌는 우리가 먹고, 말하고, 운동하고, 공부하고, 생각하고, 기억하고, 잠자는 등의 모든 행동을 관리하는 조종 센터와 같은 구실을 하기 때문입니다.

뇌는 우리 몸의 주변에서 일어나는 상황, 예를 든다면 추운지, 친구가 찾아 오고 있는지, 배가 고픈지, 감기에 걸렸는지, 다쳤는지, 행복한지, 슬픈지 등을 느끼고 판단합니다. 이러한 일은 뇌를 구성하는 수백억 개의 신경세포가 하고 있습니다. 뇌의 신경세포는 머리에서 발끝까지 온몸에 퍼져 있는 신경세포와 연결되어 있습니다.

신경세포는 다른 세포와 달리 가늘고 긴 돌기를 여럿 가지고 있습니다. 이 돌기는 다른 신경세포의 돌기와 연결되어 있으며, 이 돌기를 통해 신경전류가 흐른답니다. 만약 손으로 얼음을 만진다면, 손끝의 신경세포가 느낀 냉기는 전류의 형태로 뇌의 신경세포에까지 전달되고, 뇌는 얼음을 만지지 말라는 명령을 신경세포를 통해 손으로 전달합니다.

뇌는 마치 매우 바쁜 우체국과 비슷하다고 할 수 있습니다. 우체국은 전 세계에서 오는 우편물을 받아 각 집으로 배달하는 일을 끊임없이, 그것도 아주 빠른 시간에 하니까요. 뇌는 인체 각 부분에 퍼져있는 신경세포에서 오는 신호를 1초에 수만 건 수신하여, 그에 대응하는 적절한 명령 신호를 보내고 있습니다. 흥미롭게도 뇌는 모든 부분으로부터 통증 신호를 받아들이지만, 뇌 안에 생긴 아픔은 전혀 느끼지 않고 있답니다.

뇌는 대뇌, 소뇌, 간뇌 이렇게 3부분으로 크게 나누고 있습니다. 대뇌는 뇌 전체 크기의 85%를 차지하며, 우리의 감정, 생각, 기억, 언어 등을 담당합니다. 그리고 대뇌는 왼쪽 뇌와 오른쪽 뇌로 나누어져 있습니다.

소뇌(작은골)는 우리가 무의식적으로 움직이는 동작, 예를 든다면 넘어지지 않고 똑바로 걷고, 뛰고, 운동하고, 놀게 하는 일을 맡고 있습니다. 마지막으로 간뇌는 우리의 생명과 관계되는 호흡, 소화, 심장박동 등이 잘 이루어지도록 관리하고 있답니다.

신경세포로 구성된 뇌의 모양을 보면 마치 까놓은 호두처럼 쭈글쭈글하여 매우 넓은 표면적을 가지고 있습니다. 뇌는 인체에서 가장 큰 기관이기도 합니다. 6세쯤 되면 뇌의 무게가 약 1.4kg이나 되니까요. 일반적으로 뇌는 체중의 2%를 차지합니다. 그러나 뇌가 소비하는 산소의 양은 온 몸이 쓰는

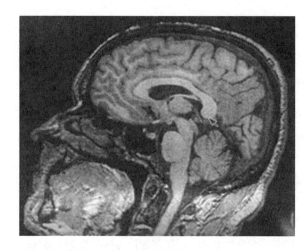

소비량의 20%에 해당합니다. 뿐만 아니라 뇌는 산소가 몇 분간만 공급되지 않아도 회복되지 못하는 심각한 손상을 입는답니다.

사진 57.
컴퓨터 단층촬영으로 본 인체의 뇌 모습입니다. 뇌에 두통이 생기는 정확한 원인은 아직 알지 못하고 있습니다.

질문 58. 키가 너무 작거나 큰 이유는 무엇입니까?

키가 작아 고민하는가 하면, 너무 키가 커 염려하는 사람도 있습니다. 사람의 키는 부모의 영향을 받는 유전적인 조건도 있고, 성장기의 영양 상태라든가 운동, 환경 등 여러 가지 조건과 관련이 있습니다. 그 중에 키가 자라는 데는 성장 호르몬의 영향이 매우 큽니다.

인간의 몸에서는 성장과 생리작용을 조절하는 수십 가지 호르몬이 분비되

고 있습니다. 각 호르몬은 너무 많거나 적게 분비되면 병을 일으킵니다. 호르몬 중에서도 '뇌하수체'라고 부르는 샘에서 분비되는 성장 호르몬은 키의 성장에 없어서는 안 되는 역할을 합니다. 뇌의 중간 조금 아래쪽에 있어 뇌하수체라고 부르는 이 호르몬 샘은 지름이 8mm 정도 됩니다.

뇌하수체 호르몬은 뼈와 근육이 자라도록 자극합니다. 만일 이곳에 암이 생기거나 하여 호르몬이 과다하게 분비된다면, 신장이 2m 30cm를 넘는 거인으로 자라기도 합니다. 반면에 너무 소량 분비되면 소인증의 원인이 됩니다.

성장기에 키가 너무 자라고 있으면, 수술로 뇌하수체의 호르몬 분비량을 감소시키도록 할 수 있습니다. 반면에 많은 청소년들은 키가 작아 고민하기도 하고, 정상 키인데도 농구선수가 되고파 좀 더 자라기를 바라기도 합니다. 만약 키가 더 크기 원하는 청소년에게 성장 호르몬을 인공적으로 넣어준다면 키가 더 자랄 수 있을까요?

1956년에 미국의 모리스 라벤 박사는 죽은 사람으로부터 뇌하수체 호르몬을 추출하여 이것을 키가 자라지 않고 있는 어린이에게 주사하여 키를 크게 하는데 성공했습니다. 이후 호르몬으로 왜소증을 치료한 예가 많았습니다. 그러나 구할 수 있는 호르몬의 양이 너무 소량이어서, 치료비용이 매우 많이 들었습니다. 한편 호르몬 치료를 받은 사람 중에는 얼굴이나 손발이 비정상으로 길어지거나 당뇨병이나 심장병이 생기는 부작용도 나타났습니다.

과학의 발달로 2005년경 몇 제약회사에서 성장 호르몬을 인공적으로 합성하는데 성공하여, 훨씬 값싸게 이용할 수 있게 되었습니다. 현재 의사들은 키가 자라지 못하고 있는 어린이들에게 매일 저녁 성장호르몬을 주사하는 방법으로 키를 좀더 자라도록 하고 있습니다. 이런 치료는 키 성장이 멈출 때까지 몇 년 동안 계속합니다. 키가 자라는 나이를 넘긴 사람은 성장호르몬 치료를 해도 효과가 나타나지 않습니다.

질문 59. 갓난아기는 왜 이빨이 나지 않은 상태로 태어납니까?

갓난아기는 한동안 어머니의 젖을 먹고 자라야 하므로 처음에는 이빨이 필요치 않습니다. 그들은 소화기관이 아직 발달하지 않아 젖 외의 다른 음식은 소화시키기도 어렵습니다. 뿐만 아니라 아기는 입의 근육도 아직 성숙하지 못하여 음식을 씹는 능력도 없습니다.

어머니의 젖을 먹어야 하는 시기에 이빨이 나 있다면 젖을 빨 때 젖을 물어 상처를 낼 염려도 있습니다. 갓난아기는 빠르게 자라 생후 4개월쯤 지나면 부드러운 음식을 조금씩 먹을 수 있게 되고, 2년 정도 지나면 젖도 떼고 이빨도 모두 나옵니다.

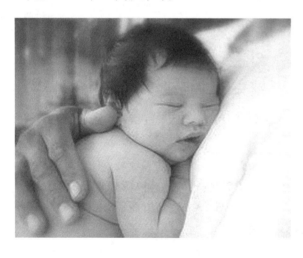

사진 59.
아기는 우유보다 모유를 먹어야 더 건강하게 자랍니다.

질문 60. 아기는 왜 엄지손가락을 빠는가요?

아기는 태어나면서부터 어머니의 젖을 빠는 본능을 가지고 있습니다. 아기는 어머니 젖 대신 우유병의 꼭지도 잘 빱니다. 젖먹이는 배가 고프면 무엇이든 입에 닿으면 빨려고 합니다. 이럴 때 젖꼭지를 물지 못하면 가짜 젖꼭지나 자기의 엄지를 빨다가 잠이 듭니다. 젖먹이 동안에 엄지손가락을 빠는 것은 문제가 되지 않습니다.

많은 어린이들은 젖을 뗀 후에도, 드물게는 10살이 되어도 엄지를 빠는 버릇을 가지고 있습니다. 이렇게 자라서도 엄지를 빨면, 위쪽 이빨은 앞으로 밀려나오고, 아래 이빨은 안으로 밀려들어가 아래위 이빨이 가지런해지지 못하는 경우가 많습니다. 엄지를 빠는 버릇은 일찍 고쳐야 합니다. 잠잘 때 엄지를 빨 수 없도록 밴드나 붕대 등을 감아두면 곧 그만 둘 수 있습니다.

어린이 중에는 드물게 손톱을 이빨로 깨무는 버릇을 버리지 못하고 있습

니다. 빨리 고쳐야 하는 나쁜 습관이므로, 잘 물어뜯는 손가락 끝에 밴드를 감아 손톱을 이빨에 가져가지 못하게 하여 고치도록 합니다.

사진 60.
젖먹이 동안에는 엄지를 빨아도 좋으나, 젖을 뗀 후에는 버릇을 고치도록 해야 합니다.

질문 61. 병원에서는 왜 팔뚝이나 엉덩이에 주사를 놓습니까?

우리 몸의 피부에는 머리끝에서 발끝까지 어디나 신경이 뻗어 있습니다. 손으로 흙을 한줌 집어 들면, 손은 흙의 온도, 거기에 포함된 수분의 정도, 흙 입자의 크기와 단단함, 거친 상태 등을 동시에 느낍니다. 피부의 신경은 이 외에도 누름, 날카롭기, 아픔, 간지럼 등도 느낍니다.

피부는 위치에 따라 촉감의 정도가 조금씩 다릅니다. 손가락 끝에는 신경이 아주 많이 분포하고 있어 몸의 어디보다 감각이 예민합니다. 만약 바늘이나 가시에 찔린다면 손가락 끝 부분이 제일 아프게 느낄 것입니다. 반면에 주사를 맞는 팔뚝과 엉덩이 부분에는 신경이 적게 분포하고 있어, 주사바늘의 아픔을 다른 곳보다 조금 느낀답니다. 또한 이곳은 굵은 혈관이 없고 근육이 많아 혈관을 다치지 않고 주사바늘을 찌르기 좋은 곳이기도 합니다.

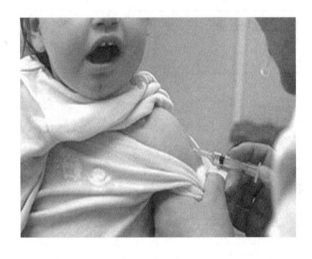

사진 61.
엉덩이나 팔뚝에는 신경이 적게 분포하기 때문에 주사바늘을 찔러도 통증을 조금 느낍니다.

질문 62. 폐는 어떻게 저절로 숨쉬는 운동을 계속합니까?

우리는 무의식적으로 숨을 들이쉬고 내쉬고 있습니다. 운동을 하거나 정신적으로 흥분하면 호흡수가 저절로 올라가기도 합니다. 폐는 뇌에 있는 호흡중추의 명령에 따라 숨을 들이쉬는 근육과 내쉬는 근육이 교대로 활동하고 있습니다.

몸을 이루는 모든 세포는 살아있는 동안 끊임없이 산소를 소비하고 이산화탄소를 내놓고 있습니다. 만일 혈액 속의 이산화탄소 양이 많아지면, 뇌의 호흡중추는 폐로 하여금 호흡하는 회수를 늘이도록 명령합니다.

운동을 심하게 했을 때 가쁘게 숨을 쉬는 것은 바로 산소를 더 많이 들여마시고 있는 것입니다. 운동을 마치고 휴식을 하면, 혈액 속의 이산화탄소 양이 줄어들게 됩니다. 뇌의 중추는 이런 변화를 알고 폐로 하여금 천천히 호흡하도록 조정합니다.

질문 63. 사람은 얼마나 오래도록 숨을 참을 수 있나요?

숨을 얼마나 자주 쉬어야 할지에 대해 우리는 생각할 필요가 없습니다. 왜냐하면 뇌가 자동적으로 호흡을 적절히 조절하기 때문입니다. 즉 혈액 속에 이산화탄소의 양이 많아지면 뇌는 숨을 내쉬도록 명령합니다. 숨을 내쉬고 나면 자연스럽게 들이쉬어 산소를 폐 안으로 끌어들입니다. 이런 숨쉬기는 보통 1분에 10~14번 이루어집니다.

그러나 운동을 하여 산소가 대량 필요해지면, 뇌는 더 자주 호흡하도록 조절하여 1분간에 15~20회 이상 숨쉬도록 명령합니다. 이렇게 숨을 자주 쉬는데도 근육에 산소가 모자라면, 가슴이 아프고 숨이 너무 가빠 더 이상 뛰거나 운동하지 못하도록 합니다. 쉬는 동안 근육에 충분한 산소가 공급되면 가쁜 호흡은 사라집니다.

100m 달리기를 하는 선수들은 출발하여 골인할 때까지 숨을 쉬지 않고 단숨에 뛰어갑니다. 10초 안팎의 시간 동안은 호흡을 참을 수 있고, 그래야만 더 빨리 달릴 수 있기 때문입니다.

친구들과 물속에서 누가 오래 숨을 참을 수 있는지 겨루기를 합니다. 이때 대개의 사람은 1분을 견디지 못하고 푸- 하고 수면 밖으로 머리를 내밀게 됩니다. 이것은 그 사이에 근육 내의 산소가 부족해졌기 때문에 뇌가 호흡을 강제로 하도록 명령한 때문입니다.

훈련된 다이버나 해녀와 같은 사람은 2~3분 동안 숨을 쉬지 않고 견딜 수 있습니다. 그러나 보통 사람이라면 산소 부족으로 그 사이에 기절해버리고 맙니다. 만일 독가스나 연기가 가득한 곳에서 1~2분 이상 숨을 쉬고 있다면, 이때도 산소가 부족하여 실신할 수 있습니다.

사진 62.
훈련된 다이버들은 일반인보다 긴 시간 물속에서 견딜 수 있습니다.

질문 64. 폐활량이란 무엇인가요?

가만히 있을 때는 숨을 조용히 쉬지만, 운동을 하면 가슴을 헐떡이며 크게 호흡을 합니다. 이것은 많은 산소를 들여 마시는 방법입니다. 수영장에서 친구들과 숨쉬지 않고 물속에서 오래 견디기를 할 때, 우리는 물속에 머리를 담그기 전에 폐 가득 숨을 들이킵니다.

폐활량이란 자기의 폐에 가득 담을 수 있는 공기의 양을 말합니다. 일반적으로 성인 남자의 폐활량은 약 3.5리터이고, 여자는 2.5리터 정도입니다. 폐활량은 사람의 체격에 따라서도 차이가 있습니다.

폐활량이 큰 사람은 잠수를 오래 한다거나, 산소 소비가 많은 맹렬한 운동을 하기에 적합합니다. 노래를 부르는 가수도 폐활량이 커야 유리하고, 트럼펫을 부는 사람도 길게 숨쉴 수 있어야 하지요.

태권도장, 검도장, 요가, 명상 센터 등에서는 단전호흡(丹田呼吸)이라고 하여, 1분에 4~8회 크게 호흡하는 수련을 합니다. 단전호흡을 할 때는 숨을 내 쉴 때, 폐 속의 공기를 모두 내보내고, 들이쉴 때는 폐 가득 채우도록 호흡합니다. 단전(丹田)은 배꼽보다 조금 낮은 아랫배 부분을 의미합니다.

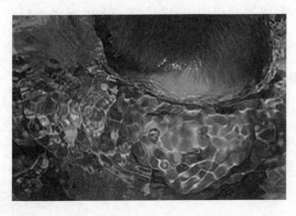

사진 64.
물속에서 오래 참기를 하면 폐활량이 큰 사람이 유리합니다.

질문 65. 숨 속에는 얼마나 많은 이산화탄소가 포함되어 있나요?

공기 중에는 산소가 약 21%, 질소가 약 78%, 그 외에 아르곤(0.94%)과 이산화탄소 등의 기체가 소량 포함되어 있습니다. 공기 중에 섞인 이산화탄소의 양은 0.03%에 불과합니다. 지구상에 사는 식물은 이산화탄소를 흡수하여 영양분과 산소를 만들고 있지요.

우리의 폐로 들어간 공기가 밖으로 나올 때는 산소가 약 16%, 이산화탄소는 약 4% 포함되어 있습니다. 질소는 폐를 거쳐 나와도 아무런 화학변화를 일으키지 않으므로 같은 양이 배출되지요. 공기 중의 이산화탄소는 소량이지만, 그 영향은 매우 큽니다. 자동차, 화력발전소, 공장 등에서 이산화탄소를 다량 배출하여 공기 중의 이산화탄소량이 조금 높아지자, 지구의 기온이 전체적으로 높아지는 '온실현상'이 일어나고 있습니다.

지구의 기온이 조금이라도 높아지면 남극과 북극의 얼음이 많이 녹아내려 바다의 수위가 높아지며, 여러 가지 기상 변화가 생깁니다. 과학자들은 미래의 인류가 이산화탄소를 대량 만들지 않고 살아가는 대책을 연구하고 있습니다. 석탄과 석유를 사용하는 화력발전소를 줄이고 대신 원자력발전소라든가 태양발전소, 조력발전소, 풍력발전소 등을 이용하는 것은 이산화탄소의 발생량을 감소시킬 수 있는 시급한 방법의 하나입니다.

질문 66. 우리 몸에서 간은 어떤 작용을 합니까?

위, 소장, 대장을 소화기관이라 하는데, 이들 소화기관에 간(간장)과 췌장(이자) 그리고 담낭(쓸개) 3기관이 연결되어 있습니다. 내장 조직 가운데 가장 커다란 간은 독특한 모양을 가진 수십억 개의 간세포로 구성되어 있으며, 여러 가지 중요한 역할을 합니다. 만일 간을 떼어낸다면 24시간도 지나지 않아 사람은 죽게 됩니다.

첫째, 간은 마치 화학공장과 같아 소화에 중요한 역할을 하는 담즙(쓸개즙)을 생산하여 담낭(쓸개)으로 보냅니다. 담낭은 간이 만든 담즙을 저장해 두고 있다가 소화기관으로 보냅니다. 쓸개즙에는 단백질, 지방, 탄수화물을 분해하는 여러 종류의 소화효소가 들어있습니다. 한편 췌장도 강력한 소화효소가 포함된 즙을 생산합니다.

둘째, 간은 수명이 오래된 적혈구를 구별해내어 파괴한 후 그 성분을 재활용하도록 합니다. 즉 간은 분해된 적혈구와 저장된 지방질을 이용하여 몸에 필요한 콜레스테롤과 담즙을 만듭니다.

셋째, 간은 몸에 들어온 약물이나 화학물질(유독물질)을 분해하여 안전한 상태로 만드는 해독작용을 합니다. 이 외에도 간은 필요에 따라 단백질이라든가 글리코겐, 비타민 등을 만들어 필요한 기관으로 보내도록 합니다. 독성이 있는 약을 장기간 먹거나, 과음하거나 하면 간이 지쳐 제기능을 못하게 됩니다.

질문 67. 의사는 환자의 간 기능을 왜 수시로
검사합니까?

치료를 위해 먹는 약에는 치료 작용을 하는 성분이 들었지만 독소도 있습
니다. 치료약에 포함된 독성분은 모두 간에서 무독한 상태로 분해됩니다.
만일 간으로 유독한 성분의 약이 끊임없이 대량 들어온다면, 간은 그들을
해독하느라 지쳐 고장이 생깁니다. 간염, 간경화, 간암이라 부르는 병들은
지나치게 들어온 독성분과 관계가 깊습니다.

의사는 장기간 같은 약을 먹는 환자에 대해서는, 정기적으로 간 기능검사
를 하여 간이 건강하게 정상으로 활동하는지 확인합니다. 만일 간이 무리하
여 피곤해져 있다고 판단되면, 당분간 약 먹는 것을 중단시키거나, 독성이
적은 다른 약으로 바꾸어 먹도록 처방하기도 합니다.

간은 몸에 들어온 알코올도 분해하는 역할을 합니다. 만일 간의 주인이 너
무 많은 술을 매일 마시거나, 독성이 있는 약을 오래 먹거나 하면, 간의 일
부가 파괴되기도 합니다. 다행스럽게도 우리의 간은 놀라운 회복 능력이 있
어, 고장난 부분을 새로 재생시키기도 합니다.

질문 68. 술을 많이 마시면 왜 취하여 비틀거리고,
행동이 변하며, 기억을 잃기도 하나요?

술 속에 포함된 알코올 성분은 소장으로 가지 않고 위 벽의 혈관을 통해

혈액 속으로 바로 흡수됩니다. 혈관 속의 알코올 양이 늘어나면 혈액의 흐름이 빨라지고 체온이 오르며 정신적으로 흥분하게 됩니다.

혈관 속으로 들어간 알코올은 간에서 효소에 의해 아세트알데히드라는 물질로 분해됩니다. 아세트알데히드는 사람의 정신을 몽롱하게 하고, 어지럼증이 생기게 하며, 구토를 일으키기도 합니다. 과음을 한 사람이 토하는 것은 알코올을 더 이상 받아들이지 않으려는 신체의 보호 반응입니다.

술을 먹은 후 머리가 아프고, 균형감각이 둔해져 비틀거리며, 정신활동이 평상시와 달라지는 것은 뇌의 정상 기능을 방해하는 아세트알데히드의 영향입니다. 아세트알데히드는 시간이 지나면 아세트산과 물로 분해되어 소변으로 빠져나갑니다.

사람에 따라 음주량이 다른 것은 여러 가지 원인이 있습니다. 일부 사람은 알코올을 분해하는 효소가 선천적으로 분비되지 않아 전혀 술을 마실 수 없는 경우도 있습니다. 과음을 장기간 하게 되면 알코올을 분해해야 하는 간이 피로해져 간염이라든가 간암에 걸릴 위험이 높아집니다.

제4장
귀, 눈, 코, 입의 건강

질문 69. 비행기를 타고 높이 올라가면 왜 귀가 먹먹해지나요?

귀 안의 고막은 매우 얇은 막입니다. 귀 속으로 음파가 들어오면 고막이 북처럼 진동하여, 그 진동을 내부(중이)에 있는 3개의 작은 뼈로 전달합니다 (질문 43 참조). 여기서 음파는 더욱 큰 진동 신호로 변하여 청신경을 통해 뇌로 전달됩니다.

고막 바로 뒤에는 콧구멍 내부(비강)와 연결된 '유스타키오관'이라는 관이 있습니다. 코의 내부와 귓구멍은 이 관을 통해 서로 열려 있으며, 그 사이를 고막이 막고 있습니다. 그러므로 코 내부와 귓구멍 사이는 기압이 늘 같습니다(그림72 참조).

평소 유스타키오관은 살짝 닫혀 있습니다. 코를 잘못 심하게 풀면, 코 안의 기압이 높아져 고막을 누르는 결과가 되어 고막이 먹먹해질 수 있습니다. 그러므로 코를 풀 때는 반드시 한쪽씩 차례로 풀도록 해야 합니다.

비행기를 타고 고공으로 급히 오르면, 그곳은 기압이 낮습니다. 이때 고막은 기압이 높은 코 내부(비강)로부터 밀리므로 일시적으로 먹먹해집니다. 반대로 고공에서 지상으로 내려올 때는 기압이 높아짐에 따라 고막이 안쪽으로 눌려 그때도 먹먹함을 느끼게 됩니다. 이런 현상은 차를 타고 가파른 고개 길을 오르거나 내려올 때도 느낄 수 있습니다.

이럴 때 하품을 하거나 입을 크게 벌리거나 하면, 유스타키오관이 잠시 열리면서 고막 안팎의 기압이 같아집니다. 고막이 제자리로 돌아가면 먹먹함이 사라집니다.

감기가 심하게 들어도 먹먹함을 느낄 수 있습니다. 이때는 코 내부에 점액이 많아져 유스타키오관을 막기 때문입니다. 또 수영 중에 깊이 잠수하면, 수압이 고막을 눌러 그때도 먹먹함을 느낍니다. 만일 비행 중에 생긴 먹먹함과 난청이 사라지지 않는다면 의사에게 보여야 합니다.

사진 69.
비행기를 타고 이륙하여 고도가 높아지면 귀가 먹먹해집니다. 이러한 현상은 내려올 때도 발생합니다.

질문 70. 귀울림(이명耳鳴)은 어떤 때, 왜 들리나요?

우리의 귀는 소리를 듣는 감각기관입니다. 그런데 사방이 쥐죽은 듯 고요한 장소나 한밤중에는, 귀 안에서 소리가 들립니다. 이런 소리를 귀울림 또는 이명이라 하지요. 귀울림 소리는 라디오를 틀었을 때 방송국과 다른 방송국 주파수 사이에 들리는 잡음처럼 들리거나, 작은 벌레 소리처럼 느껴지기도 합니다. 귀울림은 사람에 따라 조금씩 달라, 어떤 이는 "마치 머리 속으로 군대가 행진하는 소리처럼 들린다."고 말하기도 합니다.

이런 이명은 귀 가까이서 폭발음을 들었거나, 장난으로 친구가 귀 옆에서 손바닥을 크게 쳤거나, 소방차가 시끄러운 경적을 울리며 지나갔거나, 요란한 밴드 연주를 막 듣고 나왔거나, 이어폰을 끼고 오래도록 고음의 음악을 들었거나 한 뒤에도 들립니다. 이명은 시간이 지나면 사라집니다. 그러나 만일 평소에 이명이 큰 소리로 계속해서 들린다면, 귀에 이상이 있을 가능성이 있습니다.

귀에 소리가 들리는 것은 귓구멍으로 들어온 음파가 고막을 울린 때문입니다. 고막의 바로 뒤 속귀에는 3개의 작은 뼈가 붙어 있습니다. 이 세 뼈는 고막의 진동에 따라 떨게 되며, 뼈의 생김새에 따라 각기 망치뼈(추골), 모루뼈(침골), 등자뼈(등골)라 부릅니다.

이 뼈 안쪽에는 액체로 가득한 길이 2.5cm쯤 되는 달팽이관(와우)이라는 기관이 있습니다. 3개의 뼈가 진동하면, 그 움직임이 달팽이관 속의 액체를 흔들게 됩니다. 그런데 액체가 고인 그 바닥에는 수천 개의 가느다란 '털 세포'가 마치 물밑에서 자라는 수초처럼 흔들거리고 있습니다.

귀가 소리를 정상으로 들으려면 이 털 세포의 작용이 매우 중요합니다. 액체가 흔들리면 털 세포도 함께 움직여 전류가 생겨나고, 이때 발생한 전류가 신경을 따라 뇌에 전달됩니다. 뇌는 이 전류를 받아 그것이 피아노 소리인지, 새소리인지, 누구의 목소리인지 판단합니다.

이 털 세포는 연약합니다. 큰 소리를 듣거나 머리를 심하게 부딪거나 하면 상처를 입어 청신경으로 전류를 제대로 보내지 못합니다. 만일 상처 입은 털 세포가 회복되지 못하고 일부가 아주 손상된다면, 연속적으로 청신경 속으로 전류를 보내게 되어, 뇌는 그것을 귀울림 소리로 듣게 됩니다.

이명이 생기는 다른 원인으로 귀 주변 혈관의 혈액순환 장애, 고혈압, 고

콜레스테롤, 담배의 니코틴이나 커피 속의 카페인, 키니네와 같은 약물, 피로회복용 음료, 스트레스 등이 있습니다.

이명이 다소 있어도 생활에는 지장이 없습니다. 그러나 아주 심하면 귀 전문의사의 치료를 받아보아야 합니다. 귀울림은 조용한 장소에서만 들립니다. 가벼운 정도라면, 라디오 소리나 시계의 초침 소리만 들려도 이명은 잘 느끼지 못합니다. 귀울림이 있는 사람은 그 소리를 의식하지 않도록 노력해야 합니다. 이명에 신경을 쓰면 괴로움을 느끼게 되니까요.

질문 71. 노인이 되면 왜 청각이 둔해지나요?

숲 속에 들어가면 바람에 흔들리는 나뭇잎 소리나 새소리만 들릴 뿐 조용합니다. 아프리카나 열대지방의 자연에서 생활하며 일생 살아온 원주민들은 나이가 80세에 이르러도 시력과 청력이 현대 도시의 어린이들보다 더 좋은 경우가 많습니다. 심지어 병원에 한 번 가지 않았지만, 이빨이 튼튼하고 건

사진 71.
원시시대에는 천둥소리가 가장 큰 자연의 소리였습니다.

강한 심장을 가진 노인도 많습니다.

인류는 지구상에 나타난 이후 수백만 년을 조용한 자연 속에서 살아왔기 때문에 귀도 작은 소리를 잘 듣도록 진화해왔습니다. 원시시대의 인류는 마치 야생의 동물들처럼 멀리서 우는 새나 짐승의 소리를 들을 수 있는 예민한 청각을 가져야 했습니다. 옛 사람들은 약 100미터 밖에서 말하는 사람의 소리도 알아들을 수 있었습니다.

그러나 현대 생활을 하는 대부분의 사람은 청각(청력)이 둔화되었으며, 그 중에는 아주 심하게 청력이 약해진 사람도 많습니다. 문명세계를 맞이하면서 과거 수백만 년 동안 듣지 못했던 제트기의 이착륙 소리, 총포 소리, 광산이나 도로를 뚫는 드릴 소리, 수십 가지 악기를 동시에 연주하는 관현악이나 밴드 소리, 자동차 엔진과 경적 소리, 공장이나 공사장의 기계 소리, 선박의 기관실 엔진 소리, 라디오와 텔레비전 방송 소리 등을 들어야 하게 되었습니다.

많은 사람은 듣기 싫은 소음을 온종일 들으며 일해야 하는 직업을 가지고 있습니다. 이처럼 장시간 소음을 듣거나, 순간적이라도 너무 큰 소리를 듣거나 하면 청각이 둔해지거나 이상이 생깁니다. 청각이 손상된 사람은 오래 살아온 노인이 더 많게 마련입니다. 청각이 상하여 사회생활이 불편한 사람은 마치 눈이 나쁜 사람이 안경을 사용하듯이 적절한 보청기를 사용합니다. 보청기는 작은 소리를 크게 하여 들려주는 전자장치입니다.

질문 72. 귀를 꽉 막아도 소리가 조금 들리는 이유는 무엇입니까?

우리가 소리를 들을 수 있는 것은 귓구멍으로 들어온 음파가 고막을 진동시킨 결과입니다. 그런데 두 손가락으로 양쪽 귓구멍을 아무리 꽉 막고 있어도 외부의 소리가 크면 조금은 들립니다. 그뿐만 아닙니다. 배가 고플 때 뱃속에서 공기가 이동하는 소리도 들리고, 이빨 부딪치는 소리라든가 심지어 자기의 숨소리도 들립니다.

실험으로 고무 밴드 하나를 이빨에 걸고 한 손으로 끝을 당긴 상태로, 다른 손 손가락으로 고무 밴드를 퉁겨봅니다. 그러면 이빨에 걸려 고무줄이 진동하는 경쾌한 소리가 귀에 들립니다. 이 소리는 고무 밴드의 진동이 이빨을 진동시키고, 그 진동이 턱을 지나 귀의 고막을 울려 들리는 것입니다.

외부에서 발생한 큰 소리는 몸 전체를 진동시켜, 뼈가 진동하도록 하고, 그것이 귀의 고막까지 떨리게 할 수 있습니다. 숨소리나 뱃속의 소리도 마찬가지 이유로 귀에 들립니다.

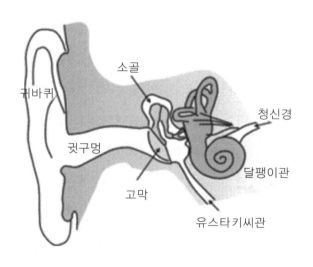

그림 72.
두 귀는 소리가 들려오는 방향을 알게 합니다.

103

질문 73. 귀는 왜 양쪽에 있나요? 귓바퀴는 무슨 역할을 하나요?

귀가 양쪽에 있지 않다면 우리는 스테레오로 음악을 듣지 못합니다. 전화를 할 때 팔이 아프면, 양쪽에 귀가 있어 전화기를 옮겨가며 통화하기 좋습니다. 어떤 사람은 귀가 양쪽에 있어 안경을 걸 수 있다고 말하기도 합니다.

몸은 일부 기관을 양쪽에 둘씩 가지고 있습니다. 눈이 좌우에 있는 것은 물체를 입체로 볼 수 있게 합니다. 마찬가지로 귀도 양쪽에 있기 때문에 소리가 들려오는 방향을 쉽게 판단할 수 있습니다. 양쪽 귀의 고막에 소리가 도착하는 시간에 조금이라도 차이가 있으면, 우리의 뇌는 각 귀에 도착한 음파의 시간 차이를 판단하여 소리의 방향을 아는 능력을 가지고 있습니다.

귓바퀴는 소리를 모아 귓구멍 안으로 보내는 접시 모양의 안테나와 같은 역할을 합니다. 실험으로 눈을 가린 친구의 얼굴 정면, 뒷면, 머리 정수리 위에서 탁상시계의 소리를 들려주면서 소리가 들리는 방향을 물어봅시다. 친구는 분명히 머리 앞, 뒤,

정수리를 구분할 것입니다. 이때 귓바퀴는 소리가 정면에서 오는지 뒤에서 오는지, 또는 머리 위에서 오는지 판단하는데 도움을 줍니다.

눈과 귀 외에 폐와 콩팥이 좌우에 각각 있는 것은 다행입니다. 어느 한쪽에 이상이 생겨 기능이 정지되더라도 하나만으로 살아갈 수 있게 하니까요.

질문 74. 내 귀에 들리는 나의 목소리와 녹음기로 듣는 내 목소리는 왜 다르게 들리나요?

녹음기를 통해 자신의 목소리를 처음 듣는 사람은 모두 자기의 귀를 의심합니다. 자신이 평소 느껴온 음성이 아니기 때문입니다.

녹음기를 통해 들리는 자신의 음성은 입에서 나온 소리가 귀의 고막으로 직접 전해온 소리입니다. 그러나 자기 귀에 들리는 자신의 목소리는 입에서 나온 음파가 공기 중으로 고막까지 전해온 진동과, 입에서 말한 소리가 머리뼈를 진동시켜 고막에 전해진 두 가지 진동을 동시에 느낀 소리입니다.

그러므로 자신의 귀에 들리는 음성은 올바른 자기 소리가 아니랍니다. 독창연습을 하거나 웅변이나 연구 발표를 준비할 때는 녹음기로 자기 소리를 직접 들으며 발음연습을 하는 것이 도움이 됩니다.

사진 74.
자기 귀에 들리는 자기 목소리는 자신의 진짜 음성과 차이가 있습니다.

질문 75. 귀지는 왜 생기며, 청소는 어떻게 하는 것이 안전합니까?

　귓구멍(외이도)의 길이는 약 2.5cm입니다. 귓구멍 벽에서는 기름 성분이 분비되는데, 여기에 피부에서 떨어진 각질과 외부에서 들어간 먼지가 붙어 귀지가 됩니다. 어떤 경우에는 마른 귀지가 생기고, 때로는 젖은 귀지가 생기기도 합니다. 귀지는 어느 정도 많이 들어있어도 소리를 듣는 데는 지장이 없습니다.

　귀지는 얼마큼 시간이 지나면, 말할 때나 음식을 씹을 때 얼굴의 근육이 움직이므로 이럴 때 저절로 떨어져 밖으로 나옵니다. 그러므로 귀이개나 면봉으로 일부러 귀지를 파내면, 귀지를 더 안으로 밀어 넣거나, 귓속에 상처를 내어 귓병을 앓을 위험이 있습니다. 그러므로 의사들은 귀를 후비지 않아야 한다고 경고합니다.

　드문 일이지만, 어떤 사람은 귀지가 심하게 생겨 소리를 잘 듣지 못하는 경우가 있습니다. 그럴 때는 이비인후과에 가서 파내도록 합니다. 귀지가 많이 생겨 있을 때 귀에 물이 들어가면, 거기에 세균이 증식하여 염증을 일으킬 수 있습니다.

　개나 고양이와 같은 동물들도 귀지가 생깁니다. 그러나 그들은 일생 귀를 후비지 않아도 막히는 일 없이 살아갑니다. 사람도 마찬가지입니다.

질문 76. 눈은 어떻게 빛을 감각하나요?

눈으로 들어온 빛은 안구의 제일 안쪽 망막이라는 곳에 도달하여 그곳의 시신경 세포를 자극하고, 그 자극이 뇌에 전달되어 상을 느끼게 됩니다. 망막이란 수많은 시신경세포로 구성된 조직을 말하며, 안구 뒤쪽의 3분의 2를 차지합니다.

시신경세포(시세포)를 '광수용세포'라고도 말합니다. 시신경세포는 간상세포와 원추세포 두 가지로 이루어져 있습니다. 간상세포는 현미경으로 보았을 때 막대 모양을 하고 있으며, 어두운 곳에서 물체를 잘 보는 성질을 가졌습니다. 하지만 간상세포는 색체를 구분하지 못하고 물체를 흑백사진처럼 봅니다.

반면에 원추세포는 물체의 형태를 뚜렷하게 구분할 뿐만 아니라 색체를 감각하는 세포입니다. 망막에는 빨강, 파랑, 초록 3원색을 각각 느끼는 3가지 원추세포를 가지고 있습니다. 이들 원추세포가 각 색을 느낌으로써 수만 가지 색을 구분합니다.

장미꽃을 바라보고 있다면, 눈의 시신경은 장미의 모양, 색체, 밝기, 바람에 흔들리는 모습을 동시

사진 76.
매우 작은 안경원숭이는 큰 눈을 가졌으며 주로 밤에 활동합니다.

에 느끼고 있습니다. 만일 장미의 모양을 입체로 선명하게 보지 못한다면, 양쪽 눈의 시력 차이가 큰 장애가 있습니다. 혹시 꽃의 색을 제대로 판별하지 못한다면 색맹이라 부르는 장애가 있습니다. 어두운 곳에서는 전혀 앞을 보기 어렵다면 야맹증 장애가 있습니다.

질문 77. 갑자기 밝은 곳에 나가면 왜 눈이 부시고, 반대로 어두운 곳에 들어가면 한동안 주변이 보이지 않나요?

앞의 질문에서, 눈의 망막에는 어둠 속에서 활동하는 간상세포와, 밝은 곳에서 작용하는 원추세포가 있다고 했습니다. 각 눈에는 약 1억 개의 간상세포와 약 300만 개의 원추세포가 있습니다.

어두운 실내에 있을 때는 간상세포가 작용하고 있습니다. 이럴 때 갑자기 밝은 곳으로 나가면, 간상세포의 활동이 멈추고 원추세포가 활동을 시작합니다. 이렇게 기능을 서로 교대할 때까지 시간이 걸리는데, 그 동안 우리는 눈부심을 느낍니다. 잠시 지나면 눈부심이 사라지는데, 이를 '명순응'이라 합니다.

반대로 밝은 곳에 있다가 어두운 장소(예를 들어 영화관)에 들어가면, 원추세포의 작용이 멈추므로 한 동안 아무것도 보이지 않습니다. 그러나 조금 시간이 지나면 간상세포가 활동을 시작하여 차츰 주변이 보이게 됩니다. 이렇게 어둠에 익숙해지는 것을 '암순응'이라 하며, 암순응은 명순응보다 시간이 더 많이 걸립니다.

질문 78. 밤눈이 어두운 야맹증은 왜 걸리나요?

밤길이나 어두운 곳에 가면 거의 앞을 보지 못하는 사람이 드물게 있습니다. 이런 사람을 야맹증 또는 밤눈이 어두운 사람이라 하는데, 선천적으로 야맹증인 사람도 있고, 몸에 비타민A가 부족하여 나타나기도 합니다. 오늘날에는 영양상태가 좋기 때문에 비타민 부족으로 야맹증이 된 사람은 좀처럼 없습니다.

망막세포 중에 간상세포에 이상이 있으면 야맹증이 됩니다. 비타민 부족이 원인이라면 비타민을 섭취함으로써 회복할 수 있으나, 선천적인 경우에는 일생 불편을 느껴야 하지요. 야맹증은 자손에게 전해지는 유전병의 하나이기도 합니다.

질문 79. 색을 잘 구분하지 못하는 색맹의 원인은 무엇입니까?

'질문 76'을 설명하면서, 눈의 망막에는 3가지 원추세포가 있고, 빛의 3원색을 각기 구분하여 봄으로써 세상의 물체를 원색으로 느낀다고 설명했습니다. 이 원추세포에 결함이 있으면 색을 정상인과 다르게 느끼는 색의 맹인(색맹)이 됩니다.

색맹인 사람 중에는 3가지 원추세포 모두 이상이 있어 3색 전부를 구별하지 못하고 간상세포로 흑백의 상만 보는 사람이 있습니다. 이런 경우 '전색맹'이라 합니다.

한편 빨강, 초록, 파랑 3원색 중 어느 한 가지나 두 가지 색을 구별하는데 지장이 있는 색맹이 있습니다. 이런 경우에는 '부분색맹'이라 합니다. 부분 색맹은 적록색맹이 제일 많습니다. 붉은색 색맹은 붉은색과 초록색을 구별 하기 어려워하고, 청색 색맹은 파란색과 노란색 구별이 어려우며, 초록 색맹 은 녹색만 보지 못합니다.

색맹은 유전되는 형질이며, 성염색체(X염색체)에 담겨있습니다. 색맹은 여자보다 남자가 20배 정도 많이 나타납니다. 과거에는 색맹인 사람의 진학 이나 취업에 지장이 있었으나 오늘날에는 매우 특별한 직업에만 문제가 됩 니다.

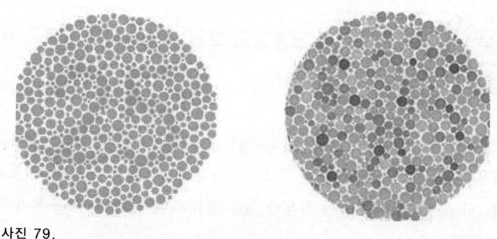

사진 79,
색맹 검사를 할 때는 푸른색, 초록색, 노랑색의 점 속에 나타낸 숫자를 찾아내어 읽을 수 있는지 확인합니다.

질문 80. 우리 눈은 왜 잔상(殘像)을 느낍니까?

눈은 바라보고 있던 물체를 치우더라도 잠시 동안은 그것이 그 자리에 있는 것처럼 느낍니다. 이런 현상을 '잔상'(남아 있는 상)이라 합니다.

선풍기나 비행기의 프로펠러가 빠른 속도로 회전하는 것을 보면, 프로펠러가 서로 붙은 것처럼 보입니다. 영화의 필름은 영상이 하나하나 떨어져 있지만, 그것을 스크린에 상영하면 연속된 활동상으로 보입니다. 이 모두가 잔상현상으로 일어나는 일종의 착시입니다.

눈의 잔상 시간은 빛의 밝기라든가 눈의 상태 등에 따라 약간 차이가 있지만, 약 16분의 1초(약 0.03~0.04초) 동안이랍니다. 영화의 필름은 1초에 24매가 돌아갑니다. 앞의 상이 사라지기 전에 다음 상이 겹쳐지므로 연속된 자연스런 동작으로 보입니다. 텔레비전의 화면도 매초 25회 이상 연속된 화면이 비치고 있습니다. 텔레비전을 켜고 화면 앞에서 막대기를 좌우로 흔들어보면, 막대기가 연속하여 보이지 않고 뚝뚝 끊어진 상태로 느껴집니다. 이것은 텔레비전의 상도 잔상이기 때문에 나타나는 현상입니다.

사진 80.
회전하는 거대한 야간 조명탑이 연속된 빛으로 보입니다.

질문 81. 프로펠러가 천천히 돌아갈 때는 회전 방향이 바르게 보이지만, 회전속도가 조금 빨라지면 왜 역회전하는 것처럼 보이나요?

선풍기의 한 날개 끝에 검은 얼룩이 시계 문자판의 12시 위치에 있다고 생각합시다. 선풍기 날개가 시계 방향으로 잔상 시간보다 빠르게 돌고 있으면, 12시 방향의 점은 다음 회전에는 1시 방향, 그 다음에는 2시 방향, 3시 방향, 이런 식으로 보이므로 시계방향으로 도는 것처럼 보입니다.

그러나 회전속도가 훨씬 빨라져 검은 점이 11시 방향, 10시 방향, 9시 방향으로 이동하여 보이게 되면, 뇌는 프로펠러가 반대방향으로 도는 것으로 착시(착각)를 합니다. 회전 속도가 좀더 빨라지면 다시 시계방향으로 보이고, 더 고속으로 회전하면 점을 볼 수 없게 됩니다.

회전하던 팽이가 힘을 잃고 쓰러지기 직전에 반대방향으로 돌다가 멈추는 것처럼 보이는 것도 이와 같은 잔상에 의한 착시 현상 때문입니다.

사진 81.
프로펠러가 돌기 시작하여 일정 속도가 되면, 눈은 반대 방향으로 회전하는 것처럼 착시를 합니다.

질문 82. 눈의 수정체도 세포인데 왜 유리처럼 투명할 수 있습니까?

카메라의 렌즈를 들여다보면 아주 투명한 유리로 만들어져 있습니다. 만일 렌즈가 투명하지 않다면 빛이 잘 통과하지 못해 사진이 선명하게 찍히지 않을 것입니다. 우리 눈도 마찬가지입니다. 수정체가 투명하지 않다면 잘 보이지 않겠지요.

눈의 수정체는 동공 바로 뒤에 있는 볼록렌즈 모양의 조직입니다. 수정체는 카메라의 렌즈 역할을 하기 때문에 영어로 렌즈(lens)라 부릅니다. 수정체는 가까운 곳을 볼 때는 볼록해지고, 먼 곳을 볼 때는 납작해져 망막에 초점이 잘 맞을 수 있도록 해줍니다.

생물의 몸은 모두 세포로 구성되어 있고, 세포 속에는 핵, 미토콘드리아, 소포체, 골지체, 단백질, 지방질 등이 들어 있습니다. 그러므로 일반 세포들은 투명할 수 없습니다. 또 세포가 있는 곳에는 산소와 영양을 공급하는 붉은 모세혈관도 연결되어 있습니다.

눈의 수정체 세포는 자신이 투명해지기 위해 눈이 생겨날 때 도중에 많은 것을 버립니다. 유전정보를 담고 있는 세포핵을 비롯하여, 에너지를 만드는 미토콘드리아, 단백질과 지방을 합성하는 소포체, 골지체 등도 없애버렸습니다.

그리하여 수정체에는 '크리스탈린'이라 부르는 단백질만 남아 규칙적으로 배열되었습니다. 이 물질은 투명한 유리나 수정처럼 빛을 균일하게 굴절하는 성질을 가졌습니다. 만일 수정체를 구성하는 크리스탈린 단백질이 다치거나 이상이 생기면 부옇게 흐려져 백내장을 일으키게 됩니다. 수정체가 맑지 못하면, 빛 중에 투과력이 약한 보라색 쪽 빛이 망막에 도달하지 못하여 푸른색을 잘 못 보는 색맹이 될 수 있습니다.

수정체의 세포 주변에는 모세혈관도 없습니다. 그러나 수정체 세포에 필요한 영양물질은 주변의 액체로부터 공급받는답니다. 수정체 뒤의 안구 대부분은 투명한 액체로 가득한데, 이곳을 유리체(또는 초자체)라 합니다.

프랑스의 화가 모네는 붉은색과 노란색을 많이 사용하여 그림을 그렸는데, 그것은 그가 백내장에 걸린 이후 그린 것이라고 알려져 있습니다.

사진 82.
렌즈 역할을 하는 눈의 수정체를 이루는 세포는 핵을 비롯하여 다른 성분을 없애버리고 투명한 크리스탈린이라는 단백질로 구성됩니다.

질문 83. 눈은 둘인데 물체는 왜 하나로 보이나요?

눈으로 사물을 바라보면, 물체에서 반사된 빛이 양쪽 눈으로 들어가 마치 영화관의 스크린처럼 망막에 영상을 맺습니다. 이 영상이 전기신호로 바뀌어 뇌에 전달되면 우리는 상을 느끼게 됩니다. 이때 뇌는 두 눈으로 들어온 각각의 신호를 합쳐 하나의 상으로 인식합니다.

좌우 두 눈은 서로 6cm 쯤 떨어져 있습니다. 그러므로 각 눈이 하나의 물체를 바라보는 각도가 조금 다릅니다. 두 눈이 향하는 각도의 차이 때문에 우리는 입체감을 느낄 수 있습니다. 손에 연필을 수평으로 쥐고 지우개 쪽이 눈앞에, 끝 쪽이 멀리 향하도록 하여, 한 눈씩 깜고 지우개를 쳐다보면 서로 다른 각도로 보인다는 것을 확인할 수 있습니다.

또 양 손에 연필을 각각 상하로 쥐고, 연필 끝이 서로 마주 닿도록 해봅시다. 이 실험을 한 눈을 감고 해봅시다. 두 눈을 뜨고 하면 끝끼리 잘 마주치지만, 한 눈을 감으면 틀리기 쉽습니다. 한 눈으로만 보면 입체만 아니라 깊이도 잘 분간하지 못합니다. 쌍안경도 물체를 입체로 보도록 해줍니다. 입체상을 우리는 '3차원 영상'이라 말하지요.

사람은 사시가 아닌 한 두 눈이 정면을 향합니다. 그러나 다른 많은 포유동물이나 새, 곤충 등의 동물들은 두 눈이 좌우를 각기 바라보도록 붙어 있습니다. 이런 눈은 입체상은 보지 못하지만, 주변을 동시에 살피면서 먹이를 잡고 적을 경계하는데 편리합니다.

곤충의 커다란 눈은 수많은 낱눈(단안)이 서로 붙은 겹눈(복안)입니다. 집파리의 한 눈은 약 4,000개의 낱눈으로 구성되어 있습니다. 그런 단안으로 꽃을 쳐다본다면, 각 단안은 꽃의 일부분씩만 봅니다. 그러나 곤충의 뇌는 그것을 전체적인 상으로 판단합니다. 이것은 마치 퍼즐 조각그림이 하나하나 떨어져 있더라도 전체가 하나의 그림으로 보이는 것과 같습니다.

곤충이 가진 이런 복안은 가까운 것은 아주 잘 보지만 먼 것은 잘 보지 못합니다. 가지 끝에 앉은 잠자리를 손으로 잡으려 해보면, 가까이 갈 때까지 잘 눈치 채지 못합니다. 그러나 막상 잡으려고 손을 내밀면 금방 날아가 버립니다. 파리를 잡을 때도 마찬가지이지요.

곤충은 모두 작은 동물입니다. 그러므로 큰 동물과 달리 그들에게는 몇 미터 멀리 있는 것을 잘 보는 것보다 바로 몇 센티미터 앞 가까이 있는 것을 잘 보아야 살아남기에 유리합니다.

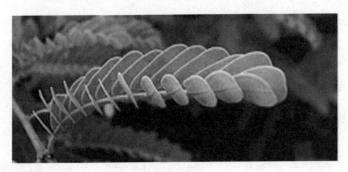

사진 83.
한 물체를 좌우 두 눈으로 바라보면 입체로 보입니다.

질문 84. 왜 오늘날에는 시력이 나쁜 학생이 과거보다 많아졌나요?

안경을 늘 쓰고 살아야 한다는 것은 매우 불편한 생활입니다. TV가 일반화되기 전인 1960년대 이전 어린이들은 거의가 눈이 좋았습니다. 그러나 TV가 보급된 이후 근시 어린이가 많아지기 시작했으므로, 근시의 원인은 텔레비전과 깊은 관계가 있다고 생각됩니다.

자연 속에서 원시생활을 하며 자라는 아프리카와 남아메리카, 또는 열대 아시아의 밀림지대에 사는 어린이들 중에서는 근시를 찾아보기 어렵습니다. 근시가 되어 일생 안경이나 콘택트렌즈를 사용해야 한다는 것은 매우 성가

신 일입니다. 근시는 분명히 눈의 건강을 잃은 상태입니다.

의사나 부모님은 어린이들이 텔레비전을 볼 때 되도록 멀리 떨어져 보아야 한다고 경고합니다. 그러나 대부분의 어린이들은 지시를 따르지 않고, 근거리에서 시청하기 좋아합니다. 부모님은 어린이를 늘 지키고 있을 수도 없습니다.

어린이의 눈 조직인 안구라든가 주변 근육은 아직도 성장단계에 있습니다. 우리가 멀리 바라볼 때는 렌즈처럼 생긴 안구의 수정체(렌즈)가 길게 늘어나 두께가 얇아지고, 가까운 곳을 볼 때는 두터워집니다. 이처럼 수정체의 두께를 변화시키는 것은 수정체에 붙은 근육의 작용입니다.

TV에 가까이 앉아 매일 장시간 보고 있으면, 눈의 안구와 그것을 움직이는 근육이 정상으로 발달하지 못하고, 두껍게 렌즈를 고정한 상태로 굳어져 근시가 된다고 생각됩니다. 이것을 증명하는 실험이 있었습니다. 1960년대에 미국 워싱턴대학의 프랜시스 영 박사는 금방 태어난 새끼 원숭이를 좁은 상자에 넣고 키웠습니다. 상자 안에서만 먼 곳을 보지 못하고 성장한 원숭이는 심한 근시가 되어 있었습니다.

하버드 대학 시각연구소의 토르스튼 위젤(1981년 노벨상 수상) 박사는 새끼 원숭이의 한쪽 눈꺼풀을

사진 84.
어릴 때 텔레비전에 가까이 앉아 장시간 매일 시청하거나 전자게임을 하면 근시가 되기 쉽습니다.

수술로 덮은 상태로 키웠습니다. 다 자란 뒤 원숭이의 눈을 검사한 결과 눈 꺼풀을 덮어둔 눈만 근시였습니다.

어려서 근시가 되면 고칠 수 없어 일생 근시로 지내야 합니다. 성인이 되더라도 책을 읽거나, 컴퓨터 화면이나 TV를 가까운 거리에서 오래도록 보고 있을 때는 수시로 먼 곳을 보면서 눈을 쉬도록 해야 합니다.

질문 85. 울면 왜 눈물이 나며, 눈물을 흘리면 왜 콧물까지 많이 흐르나요?

슬픈 일이 발생하거나, 매우 아프거나, 감격하거나, 너무 행복하거나, 속이 매우 상하거나, 크게 놀라거나 하면 눈물이 솟아납니다. 그런데 이상스럽게도 감정의 변화로 눈물을 흘리고 나면, 울기 전보다 정신적으로 기분이 한결 나아집니다. 이것은 '울음의 신비'이기도 합니다.

눈 위 바깥쪽 눈썹 아래에는 눈물샘이 있습니다. 눈물샘의 크기는 아몬드 크기에 불과합니다. 그러나 경우에 따라 엄청난 양의 눈물을 펑펑 쏟아내는 양수장으로 변할 수 있지요.

이 눈물샘은 울 때만 눈물을 만드는 것이 아니라, 독자들이 이 책을 읽고 있는 동안에도 조금씩 생산하여 흘려보내고 있습니다. 눈물샘에서 나온 눈물은 가느다란 눈물관(누관)을 따라 눈 밖으로 나옵니다. 이 수액은 눈에 들어온 먼지를 씻어내고, 안구가 건조해지는 것을 방지해줍니다. 눈을 깜박이면, 그때마다 눈물은 눈 전체에 퍼져, 마치 자동차 앞 유리의 와이퍼처럼 안구를 청소해줍니다.

눈을 씻어내고 남은 눈물은 눈 안쪽 모퉁이에 있는 다른 통로를 따라 코 안으로 흘러내려갑니다. 코로 들어간 대부분의 눈물은 몸으로 흡수됩니다. 그러나 눈물을 심하게 흘리면, 눈 밖으로 흘러넘치고도 남아, 눈물관을 따라 콧속으로 들어가 콧물이 되지요.

눈에 티가 들어가면 갑자기 많은 눈물이 나오는데, 이때 흐르는 눈물은 감정 변화로 생긴 것이 아니라 아픈 것이 신호가 되어 눈에 들어온 티를 씻어내는 역할을 하지요. 눈물의 대부분은 수분이지만, 그 안에는 염분, 기름기, 탄산나트륨 등의 물질이 혼합되어 있습니다. 눈물이 짠맛이 나는 것은 염분 때문입니다.

감정이 크게 변하거나 너무 아프면, 정신적인 변화가 뇌에 작용하여 스트레스 호르몬을 만듭니다. 이때 생긴 호르몬은 눈물 속에도 포함되어 있습니다. 그러므로 눈물을 한참 흘리고 나면 스트레스 호르몬이 줄어들어 감정도 얼마큼 가라앉아 안정을 찾게 되지요. 슬픈 일이 있을 때 실컷 울고 나면 비 온 뒤처럼 마음이 개운해진다고 할 수 있습니다.

질문 86. 잠자고 나면 눈가에 왜 눈곱이 생기나요?

잠을 자거나 깨어 있거나 간에 눈의 눈물샘에서는 눈물이 조금씩 흘러나와 안구를 청소하고 건조해지는 것을 막아줍니다. 눈에 큰 먼지가 들어가면 한꺼번에 많은 눈물이 쏟아져 씻어내는 작용을 합니다. 만일 눈물샘에 이상이 생겨 눈물이 정상으로 나오지 못한다면 눈은 금방 붉게 충혈되고 눈병이 생길 것입니다.

눈물에는 수분, 소금기, 점액질 등의 물질이 섞여 있습니다. 잠자는 동안에는 눈을 감고 있으므로 눈물이 빨리 마르지 않아, 남은 눈물이 눈가로 스며 나옵니다. 이렇게 밖으로 나온 눈물이 건조해지면 녹아있던 성분들이 점액질과 함께 굳어 눈곱이 됩니다.

만일 평소보다 눈곱이 많이 생긴다면 눈병에 걸렸을 가능성이 있습니다. 특히 노란색 눈곱이 생긴다면 결막염에 걸렸으므로 바로 안과병원을 찾아 치료를 받아야 합니다. 눈병이 생겼을 때 눈을 비비면 안질을 더욱 악화시킵니다.

질문 87. 속눈썹에 다래끼는 왜 생기나요?

속눈썹이 자라나오는 뿌리에 세균이 침범하여 조그마한 염증을 일으킨 것을 다래끼라 합니다. 다래끼는 발생하고 4~5일 지나면 저절로 곪아 터져 고름이 나온 뒤 낫습니다. 다래끼가 나면 가렵고 불편하며 남 보기에 좋지 않아 신경이 쓰입니다.

다래끼는 피지선 분비가 왕성한 청소년기에 잘 생기며, 과로하여 면역력이 약할 때 쉽게 나타납니다. 눈이 가렵다고 손으로 비비거나 하면 다래끼가 발생할 위험이 높아집니다. 다래끼는 처음 생기려할 때 항생제 안연고를 발라 치료하면 쉽게 나아버립니다.

질문 88. 냄새를 잘 맡으려면 왜 숨을 깊이 들이키게 되나요?

꽃에서 향기로운 냄새를 느끼면 누구나 숨을 깊이 들이키며 냄새를 맡습니다. 반면에 나쁜 냄새가 나면 곧 숨을 멈추고 코를 멀리 돌립니다.

냄새는 공기 중에 섞인 냄새물질의 분자가 코 안 깊은 곳(비강)에 있는 후각세포를 자극하여 느끼는 것입니다. 후각세포에는 후각신경이 뇌와 연결되어 있답니다. 평소 숨을 쉴 때는 코로 들여 마신 공기가 비강 깊은 곳까지 들어가지 않습니다. 그러나 냄새를 잘 맡기 위해 깊이 마시면, 냄새 분자가 포함된 공기가 비강 깊숙이 들어가 냄새를 잘 느끼게 합니다.

사람은 약 10,000가지 냄새를 구분합니다. 냄새를 잘 맡는 것은 위험을 발견하여 생명을 보호하는데 매우 중요합니다. 어린이는 어른보다, 여자는 남자보다 냄새감각(후각)이

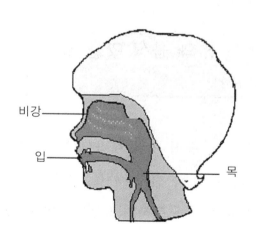

그림 88.
코 안쪽 공간을 비강(鼻腔)이라 부르며, 비강의 표면에는 냄새를 느끼는 후각신경이 있습니다.

더 예민합니다. 사람은 훈련하면 냄새를 더 잘 맡을 수 있게 되고, 또 냄새의 종류를 잘 구분할 수 있게 됩니다.

사람은 어떤 냄새를 맡으면, 냄새와 관련된 과거의 일을 곧 기억해냅니다. 즉 어떤 냄새가 나면 전에 먹었던 음식을 생각해내기도 하고, 종이나 나무가 타는 냄새를 맡으면 화재를 바로 연상하기도 합니다. 이것은 냄새감각과 뇌의 기억중추가 밀접하게 연관되어 있기 때문이지요.

많은 동물들(포유동물에서 곤충에 이르기까지)은 사람보다 더 훌륭한 냄

새감각을 가지고 있어, 먹이를 찾거나 적을 피하는데 이용하고 있습니다.

사진 88.
향기로운 냄새는 기분을 좋게 합니다. 그러나 상한 음식이나 유독한 물질, 음식이 탈 때 나오는 나쁜 냄새는 위험하다는 것을 알려줍니다.

질문 89. 감기가 심하게 들면 왜 음식 맛을 잘 느끼지 못하나요?

입은 온갖 음식의 맛을 구분하여 느낍니다. 음식 맛은 혓바닥에 있는 미각신경이 느낍니다 그런데 실재로 혀는 4가지 맛 즉 단맛, 쓴맛, 짠맛, 쓴맛만 느낄 수 있습니다. 수천 가지 음식 맛을 다르게 구분하여 느낄 수 있는 것은

맛감각과 냄새감각이 함께 작용한 결과입니다.

감기가 들면 코 안이 부어오르고 점액(콧물)이 많이 흘러나옵니다. 그러면 점액이 비강의 표면을 뒤덮고 있어 냄새 분자가 후각 세포에 도달하지 못하므로 냄새를 잘 맡을 수 없게 됩니다. 음식의 냄새를 맡지 못한다면 맛을 제대로 느끼기 어렵습니다.

사진 89.
개는 사람보다 훨씬 민감한 후각을 가졌습니다.

질문 90. 콧물은 왜 흘리나요?

눈에서는 눈물, 입에서는 침, 코에서는 콧물이 나옵니다. 콧물은 코에서 생긴 경우와 눈에서 나온 눈물이 코 안으로 흘러내린 경우가 있습니다. 눈물을 흘리거나, 감기에 걸렸거나, 날씨가 아주 춥거나 할 때 콧물이 유난히 많이 흐르지요.

코의 점막에서는 늘 적당한 양의 콧물이 흘러 내부가 마르는 것을 막아줍니다. 만일 코 안이 마른 느낌을 받는다면 감기에 걸렸거나 이상이 있습니다. 눈의 안쪽 구석과 코 사이에는 관(누관)이 있습니다. 눈물이 나면 넘치는 눈물은 관을 따라 코 안으로 흘러들어 콧물이 됩니다.

　감기에 걸리면 바이러스를 퇴치하기 위해 눈과 코에서 점액이 다량 분비되어 콧물이 흘러내립니다. 아주 추운 날 찬 공기가 코로 들어가면, 민감한 콧속이 자극을 받아 보호 역할을 하는 점액을 대량 분비하여 콧물이 되기도 합니다.

　코 안에 이물질이 들어가면 알러지 반응이 일어나 재채기를 하며 콧물을 흘립니다. 많은 사람들은 더운 음식을 먹을 때라든가, 원인불명의 여러 가지 이유로 콧물을 많이 흘리기도 합니다. 만일 콧물이 계속하여 많이 흐르거나, 콧물이 노란색이거나 하면 바로 이비인후과 의사의 진단을 받아야 합니다.

질문 91. 어떤 경우에 코피를 흘리게 되나요?

　코 안의 점막 밑에는 가느다란 혈관이 수많이 뻗어 있습니다. 이 혈관이 충격이나 어떤 이유로 상처를 입으면 코피가 흐르게 되지요. 감기에 걸려 코 안에 염증이 생기거나, 긴장해 있거나, 아스피린 같은 약(혈액 응고를 방지하는 성질의 약)을 먹고 있을 때, 실내가 건조하여 코 안이 마를 때 저절로 코피가 나기도 하는데, 이유를 모르는 경우도 많습니다.

　코피를 조금 흘리는 것은 일반적으로 건강에 해가 없습니다. 코피가 나면 머리를 바로 세운 자세로 앉아서, 엄지와 검지로 코 양쪽을 단단히 쥐고 막습니다. 이때 머리를 뒤로 젖히면 피가 목구멍 안으로 넘어가므로, 좋지 않습니다. 코피는 코가 심장보다 높은 위치에 있어야 빨리 멎습니다. 코 주변에 얼음찜질을 하는 것도 효과가 있습니다.

5분이 지나도 멎지 않으면 다시 누릅니다. 만일 20분 이상 출혈이 계속된다면 의사를 찾아가야 합니다. 코피를 흘린 뒤에는 코를 후비지 말고 몇 시간은 조심합니다. 이유 없이 자주 코피를 흘린다면, 의사는 평소 잘 터지는 혈관을 간단히 수술하여 주기도 합니다.

질문 92. 코와 코딱지는 왜 생깁니까?

공기 중에는 보이지 않아도 많은 먼지와 세균이 날고 있습니다. 호흡하는 동안 코로 들어간 먼지와 세균은 코 안의 점액에 붙어 끈끈한 코가 됩니다. 코의 습기가 마르면 그것은 단단한 상태의 코딱지가 됩니다. 그러므로 코딱지는 먼지와 세균의 덩어리라고 말할 수 있습니다.

코를 함부로 후비면 코 점막을 상하게 하여 세균에 감염될 위험이 많아지며, 코 속 혈관을 터드려 코피를 흘리게 할 수도 있습니다. 특히 손가락으로 코를 후비는 것은 절대로 삼가야 할 나쁜 습관입니다. 코는 깨끗한 휴지나 물로 씻습니다. 코에는 공기 중의 세균이 많이 부착되어 있으므로, 코를 푼 뒤에는 자신과 남의 건강을 위해 손을 씻는 습관을 갖도록 합시다.

질문 93. 잠자면서 왜 코를 고나요?

　잠이 들면 폐로 공기가 들어가는 입구(인후부) 부분의 근육이 늘어져 통로 가 좁아집니다. 사람에 따라 좁아진 정도가 심하면 주변의 부드러운 조직이 문풍지처럼 떨려 코고는 소리가 납니다. 이 외에 코에 비염이나 비후증과 같은 증세가 있어도 코 속이 부어 코를 잘 골게 됩니다.

　코골이는 여자보다 남자가, 어린이보다 성인이 더 많으며, 성인 남자의 절 반 이상이 코를 고는 것으로 알려져 있습니다. 코골이 중에는 가볍게 고는 사람이 있는가 하면, 아주 심한 사람도 있습니다. 남자가 더 심하게 코를 고 는 것은 인후부가 더 크고, 부드러운 조직이 많기 때문입니다. 심하게 코를 골 때는 그 소리에 스스로 잠에서 깨어나기도 합니다. 어린이가 코를 많이 곤다면 병원에서 원인을 찾아 치료해야 합니다.

질문 94. 바다에서 가져온 커다란 소라껍데기를 귀에 대면 왜 소음이 들리나요?

　동굴 속이나 텅 빈 건물 안에서 야! 하고 소리를 내면, 곧 반향(메아리)이 생기거나 웅웅거리는 소리가 들립니다. 이것은 거울에 빛이 반사되듯이, 소 리가 벽에 부딪혀 귀로 되돌아온 것입니다.

　골짜기가 깊은 높은 산을 오르면서 야호! 소리를 내면 메아리가 몇 차례 연달아 들리기도 합니다. 이때의 메아리는 뒤에 들릴수록 작은 소리가 되지요. 산 메아리는 이쪽 골짜기와 저쪽 골짜기 사이를 오가며 반사된 것입니다. 그러므로 산골짜기에서 생기는 반향은 산 위치에 따라 다르게 들립니다. 유럽의 어떤 산에서는 메아리가 연이어 100여 번이나 들린다고 합니다.

바다에서 커다란 소라껍데기를 주워 귓가에 대보면, 싸- 와- 하는 소리가 마치 바다의 바람과 파도 소리인 듯 계속 들립니다. 그래서 사람들은 기념품으로 소라를 집으로 가져가면서 바다 소리를 담아간다고 말하기도 합니다. 그러나 소라에서 들리는 소리는 바다의 소리가 아닙니다.

소라껍데기 내부는 나선형으로 휘어 있고, 벽이 반질반질합니다. 이런 것을 귀에 대고 있으며, 주변의 이야기 소리라든가 차 소리, 바람 소리, 음악 소리 등 모든 소리가 소라 껍데기를 진동시키고, 그 소리는 내부에서 이리저리 반사되어 마치 바다의 소리인 듯 귀에 들리게 됩니다. 이럴 때 소라가 크면 클수록 외부 소리를 많이 받아 진동하므로 더 크게 소리가 들립니다.

사진 94.
소라껍데기를 귀에 대었을 때 들리는 소리는 주변의 잡음이 소라를 진동시켜 생긴 것입니다.

제5장
혀, 이빨, 목, 음성

질문 95. 혀는 어떤 역할을 합니까?

사람의 혀는 세 가지 일을 합니다. 입안의 음식을 이빨이 골고루 씹도록 섞어주고 삼키도록 하는 일, 맛을 보는 일, 그리고 말을 하도록 하는 일입니다. 혀는 간단해보이지만, 내부를 이루고 있는 근육은 복잡합니다.

혓바닥에는 맛을 느끼는 감각세포가 약 9,000개 도돌도돌 솟아 있으며 이를 '미뢰' 또는 '맛봉오리'라고 합니다. 혀는 단맛, 짠맛, 신맛, 쓴맛 4가지 맛을 느끼는데, 혀의 위치에 따라 맛을 느끼는 종류가 다릅니다. 단맛은 혀의 끝 쪽에서, 짠맛은 그보다 안쪽, 신맛은 양쪽 가장자리, 그리고 쓴맛은 혀의 맨 안쪽 뿌리 근처에서 느낀답니다.

혀가 없으면 발음을 정상으로 할 수 없어 상대방이 알아듣도록 말하지 못합니다. 사람을 제외한 다른 포유동물들은 혀를 사용하여 몸을 청소하는 중요한 역할을 합니다. 동물의 혀는 자신의 몸만 아니라 새끼도 핥아서 청결

하게 합니다. 더운 날 개는 혀를 길게 내밀고 있습니다. 이것은 개에게는 사람과 달리 피부에 땀샘이 없어, 대신 혀를 내밀어 체온을 식히는 것입니다. 뱀이 혀를 날름거리고 있는 것은 혀로 냄새를 맡고 있는 것이랍니다.

사진 95.
개의 혀는 맛을 보는 것 외에 체온을 냉각시키는 역할을 합니다.

질문 96. 혓바늘은 왜 생깁니까?

혓바늘이 돋으면 아프기도 하지만 음식 맛을 재대로 느끼지도 못합니다. 뜨거운 음식이나 매운 음식도 혓바늘이 나면 먹기 어렵지요. 혓바늘은 혀의 표면에 있는 '혀 유두'라는 것에 염증이 생긴 것입니다. 혓바늘이 발생하는 원인은 과로, 심한 스트레스, 영양 결핍 등입니다. 특히 몸의 면역력이 약하

면 혓바늘이 자주 생기고, 잘 낫지 않으며, 심할 때는 헐어서 곪기도 합니다. 이럴 경우 '설염'이라 합니다.

사진 96.
야생동물의 혀는 자신의 털을 청소하기도 하고, 새끼를 핥아 깨끗하게 보호합니다. 침에는 세균을 죽이는 항생물질도 포함되어 있습니다.

질문 97. 입에서 나오는 침(타액)은 무엇이며 어떤 작용을 합니까?

입안은 언제나 침으로 촉촉하게 젖어 있습니다. 이 침은 입안 여기저기 있는 침샘에서 스며 나옵니다. 음식을 씹으면 침은 대량 분비되어 음식과 섞

이게 되며, 침 속에 포함된 '아밀레이스'라는 효소는 전분을 분해시켜 당분으로 변하게 하는 소화 작용을 합니다.

침이 충분히 섞이지 않은 음식은 삼킬 수 없습니다. 우리의 혀는 침이 혼합된 음식이라야 맛을 제대로 느낍니다. 실제로 마른 음식은 혀가 그 맛을 알지 못합니다. 그러므로 음식의 맛을 알도록 하는 것도 침의 중요한 역할입니다.

침은 입안을 촉촉이 적셔 이빨과 잇몸을 보호하는 작용도 합니다. 만일 몸에 수분이 부족해져(탈수현상) 침이 제대로 나오지 않는다면, 이빨 주변이 건조하여 이빨이 깨지는 일이 일어나며, 잇몸과 이빨 사이가 벌어져 건강한 이를 유지하지 못합니다.

침이 주로 나오는 샘(타액선, 침샘)은 귀 아래(이하선), 혀 아래(설하선), 이빨 근처(악하선) 3곳에 주로 있으며, 여러 개의 가느다란 관을 통해 입안으로 흘러나옵니다. 이 외에도 입안 전체에는 작은 침샘('소타액선'이라 함)이 100여개나 분포하고 있습니다.

침샘은 음식이 입안에 들어오면 자연히 대량 분비됩니다. 침 안에는 세균을 죽이는 '라이소자임'이라는 항생물질도 포함되어 있어,

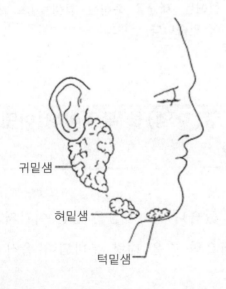

귀밑샘

혀밑샘

턱밑샘

사진 97.
침샘이 있는 곳은 귀밑, 턱밑, 혀 아래 입니다.

입안에 남은 음식찌꺼기가 썩거나, 가시에 질리거나 하여 입안에 생긴 상처가 덧나는 것을 막아주며, 충치를 예방해주기도 합니다.

'이하선염'은 침샘에 바이러스가 감염되어 생기는 병입니다. 귀 아래가 부어오르고 아프며 열이 나는 이 병은 3~7일 이내에 저절로 나으며, 한번 걸리면 면역력이 생겨 일생 다시 걸리지 않습니다.

질문 98. 어른은 몇 개의 이빨을 가집니까?

아기가 태어나면 6개월쯤부터 이빨이 나기 시작하여 3세쯤까지 아래위 합하여 모두 20개가 나옵니다. 이때 자라나온 이빨은 '젖니'라고 부르며, 젖니는 그 후 하나씩 모두 빠지고 새로운 이빨로 대치됩니다. 젖니가 흔들리며 빠지려 할 때는, 그 아래에서 새 이빨이 자라나면서 젖니의 뿌리를 파괴시키고 있습니다. 젖니의 뿌리가 잇몸에서 떨어지면 결국 저절로 빠지게 됩니다.

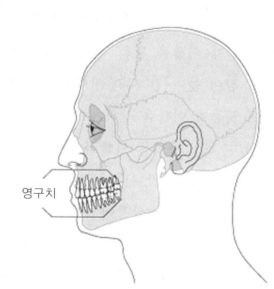

영구치

사진 98.
어릴 때의 젖니는 모두 빠지고, 그 이후에 나온 이빨은 평생 사용하는 영구치가 됩니다.

젖니는 어린이의 입 크기에 맞도록 작습니다. 그러나 새로 나오는 이빨('간니')은 충치나 충격으로 도중에 빠질 경우 다시 나지 않습니다. 그래서 간니는 '영구치'라고 부르기도 합니다. 영구치는 18쯤 되면 모두 자라나옵니다. 아래위 16쌍 전부 32개가 되지요. 이 이빨로 사람은 일생 살아야 합니다.

질문 99. 이빨을 잘 보존하려면 어떻게 해야 합니까?

입안은 어둡고 습기가 가득하며 따뜻합니다. 이런 조건은 미생물이 증식하기에 아주 좋습니다. 이빨을 평생 보존하려면 어려서부터 이빨 관리를 잘해야 합니다. 음식을 먹은 뒤와 잠자기 전에 이빨을 닦는 습관이 무엇보다 중요합니다. 입안에 음식이 남은 상태로 잠이 들어 긴 시간 지내면, 그 사이에 입안의 음식은 세균에 의해 분해되어 잇몸과 이빨을 상하게 합니다.

음식물이 분해되면 산성물질이 생겨나며, 산성물질은 이빨의 표면을 구성하는 하얀 사기질을 조금씩 녹여 구멍이 뚫리도록 합니다. 세균은 그 구멍 속으로 더 깊이 들어가 내부까지 상하게 하고, 결국 신경에 침투하여 견디기 어렵도록 아픈 치통을 일으킵니다.

이빨이 상하여 구멍이 생기면, 그 틈새에 음식물이 끼어들어 칫솔로도 빠져 나오지 않게 됩니다. 이런 찌꺼기는 더 잘 변질되면서 입 냄새까지 나게 합니다. 또한 냄새가 진한 마늘 같은 것이 구멍에 들어가면 양치질 후에도 냄새가 남게 됩니다.

우리는 칫솔질만으로는 치아를 완전히 보호하기 어려우므로 6개월에 1회 정도 정기적으로 치과의사를 찾아 확인할 필요가 있습니다. 의사는 작은 거울을 입안에 넣어 구석구석 살핍니다. 이빨이 상했다고 의심되는 부분은 엑스레이 촬영을 하여 정밀검사를 합니다.

구멍이 생기는 곳을 미리 발견하면, 의사는 더 이상 침투되지 않도록 플라스

틱이나 금속으로 덮어줍니다. 만일 너무 오래 두어 이빨 뿌리와 신경까 지 상했으면 뽑아야만 한답니다.

사진 99.
음식물 찌꺼기가 이빨 사이에 남아 있으면 그곳에 세균이 번식하여 이가 상하기 쉽습니다.

질문 100. 사랑니란 어떤 이빨인가요?

일반적으로 17~21세가 되면 32개의 이빨(영구치)을 모두 갖게 됩니다. 그러나 대부분의 경우 아래 위 제일 안쪽에 난 '사랑니'라 부르는 4개의 이빨은 일찍 충치가 되거나 이상한 형태로 자라나와 불편을 주기 때문에, 치

과에서 미리 빼고 있습니다. 어떤 사람은 사랑니 1~2개가 아예 나지 않기도 합니다. 이런 사람은 턱뼈에 이빨이 자랄 장소가 없기도 합니다.

사랑니가 이렇게 무시되는 것은, 없어도 음식을 씹는데 불편이 없으려니와 오히려 입안을 불편하게 하거나, 옆에 붙은 이빨이 충치가 되어도 보이지 않게 하는 등 나쁜 영향을 주기도 하기 때문입니다.

이렇게 도움이 되지 않는 사랑니는 왜 나는 것일까요? 원시시대 인간의 선조는 입이 쑥 나와 지금보다 턱이 길었다고 생각됩니다. 그럴 때는 턱에 32개의 이빨이 모두 나야 했을 것입니다. 그러나 인간이 진화함에 따라 턱이 짧아지면서 모든 이빨이 제대로 자리를 잡기에는 공간이 부족해진 것으로 생각됩니다.

질문 101. 이빨이 가지런하지 않으면 왜 치열 교정을 할 필요가 있나요?

아래위 이빨이 가지런하면 보기에도 좋지만 음식을 잘 깨물고 씹을 수 있습니다. 그러나 완전하게 고른 이빨을 가진 사람은 아무도 없을 것입니다. 만일 이빨이 지나치게 고르지 못하다면, 턱과 이빨이 아직도 자라고 있는 어린 시절에 치과에서 치열 교정을 받아 바르게 고치는 것이 좋습니다.

입과 이빨의 모양도 부모로부터 유전적인 영향을 받습니다. 만일 어머니의 턱은 작고, 아버지는 큰 턱을 가졌다면, 그 자손의 이빨 구조에 이런저런 문제가 생길 수 있으니까요. 만일 자기의 턱 크기에 비해 이빨이 작게 났다면, 이빨 사이가 많이 벌어지겠지요.

어릴 때 조금 고생스럽지만 치열교정을 받으면, 충치를 예방하며 일생 동안 건강하고 예쁜 이빨을 가지고 살 수 있을 것입니다. 치열 교정에는 이빨과 턱의 상태에 따라 몇 달 또는 1년 정도 걸리기도 합니다.

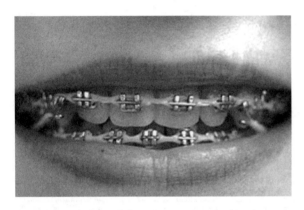

사진 101.
치열 교정은 어릴때해야 합니다.

질문 102. 치과에서 임플랜트는 어떤 치료방법입니까?

청소년들이 치과에서 임플랜트(implant ; '심는다'는 의미) 치료를 받을 일은 거의 없는 듯 합니다. 그러나 나이가 들어 이빨이 빠지거나 하면, 임플랜트라는 치료방법이 도움이 될 것입니다.

이빨의 뿌리는 아래 위 잇몸 뼈 속에 묻혀 있습니다. 과거에는 이빨이 빠지면, 금이나 백금 등으로 만든 보철물을 주변 이빨에 걸어서 고정하거나, 심한 경우 틀니를 했습니다. 이렇게 치료한 이빨은 잇몸 뼈와 분리되어 있어 자기의 본래 이빨처럼 만만하지 않고 늘 불편을 줍니다.

2000년대에 들어와 보급되기 시작한 임플랜트 치료법은, 이빨이 빠진 부분의 잇몸 뼈(치조골)에 마치 나사못을 박듯이 인공 치근을 심은 후, 그 위에 인공 이빨을 고정하는 것입니다. 임플랜트 치료법은 '치과 혁명'이라고도 말했지요. 임플랜트 치료법으로 고친 이빨은 마치 가기의 본 이빨(자연치아)처럼 단단하고 사용도 편합니다.

인공 치근의 재료는 인체와 거부반응이 거의 없는 티타늄이라는 금속을 사용합니다. 임플랜트 치료를 받은 이빨은 충치가 될 염려도 없으며, 수명도 아주 길답니다.

질문 103. 입으로 삼킨 음식이 기도로 들어가지 않고 식도로 내려갈 수 있는 이유는 무엇입니까?

목구멍 안에는 음식이 통하는 식도와, 공기가 드나드는 기도가 있습니다. 만일 기도로 조금이라도 물이나 음식이 들어가면, 숨이 막히고 금방 기침을 연달아 하며 밖으로 나가게 합니다. 이때 우리는 '사레'가 들었다고 말합니다. 음식이나 음료를 급하게 먹다보면 이런 일이 가끔 발생합니다.

혀 뒤에는 '후두덮개' 또는 '후두개'라는 납작한 연골로 된 조직이 있습니다. 후두개는 숨을 쉬고 있을 때는 뒤로 젖혀져 음식이 들어가는 식도를 막고 있습니다. 그러나 음식을 삼킬 때는, 순간적으로 후두(폐로 공기가 들어가는 기관의 입구)를 막아 음식이 기도로 들어가지 않도록 해줍니다. 음식이 일단 식도로 넘어가면 후두개는 기도를 열며 다시 제자리로 돌아갑니다.

만일 후두개가 이런 일을 하지 않는다면 기도 속으로 음식이 넘어가 생명이 위험해집니다. 감기에 걸리거나 유독가스를 마셔 후두에 염증이 생기면 목이 아프고 따끔거리며, 목이 쉬기도 하고, 음식을 삼키기 어렵기도 합니다. 담배를 오래도록 많이 피운 사람은 후두개와 후두 근처에 염증이 생기고 암이 발생하기 쉽습니다.

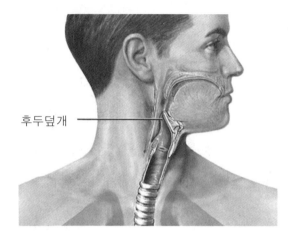

후두덮개

사진 103.
공기가 폐로 들어가는 기관과 음식물이 넘어가는 식도 입구에는 후두덮개가 지키고 있어, 음식이 기관으로 들어가는 것을 막아줍니다.

질문 104. 목에서는 어떻게 소리가 만들어지나요?

목구멍 바로 뒤에는 폐로 공기가 들어가는 있습니다. 이 기관의 입구 좁다란 부분을 후두라고 합니다. 후두 부분에 손가락을 대고 말을 해보면 떨림이 있는 것을 느낍니다. 성인 남자는 후두 부분이 목 중앙에 불룩 나와 있어 금방 알 수 있습니다.

후두에는 '성대'(聲帶)라고 부르는 조직이 좌우에 있습니다. 말을 하면 폐에서 공기가 나오면서 성대를 진동시킵니다. 성대에 붙은 근육이 성대 사이를 좁게 하여 소리를 내면 높은 소리가 나고, 성대를 넓히면 낮은 소리가 납니다. 이처럼 성대의 근육이 성대의 상태를 변화시킴에 따라 다양하게 소리를 낼 수 있습니다. 이때 혀, 이빨, 입술, 뺨, 이빨의 움직임에 따라 발음이 다르게 나옵니다.

우리는 가족이나 친구의 목소리를 들으면 곧 그가 누구인지 압니다. 이것은 사람마다 특색 있는 음성을 가지고 있기 때문입니다. 실제로 각 사람은 지문이 서로 다르듯이 음성도 차이가 있습니다. 그러나 범죄 수사에서 손의 지문만큼 음성 지문을 활용하지 못하는 것은, 음성은 상황에 따라 다소 변할 수 있기 때문입니다.

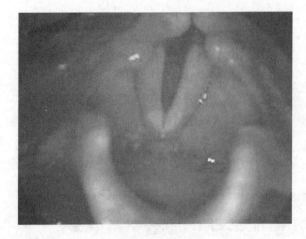

사진 104.
후두부에 성대가 양쪽에 보입니다. 이 성대 사이로 공기가 나오면서 성대를 떨게 하므로 소리가 됩니다.

질문 105. 나이를 먹으면 왜 어른 목소리로 바뀌게 되나요?

목소리를 좌우하는 것은 성대입니다(질문104 참조). 어릴 때는 성대가 짧고 얇기 때문에 고음의 어린이 목소리가 납니다. 그러나 사춘기를 지나 성인으로 자라면, 성대는 길어지고 두터워집니다. 특히 남자는 사춘기 때 성대의 길이가 거의 두 배로 단기간에 변하므로, 갑작스럽게 어른 목소리를 내게 됩니다. 이런 시기를 '변성기'라고 말합니다.

남자는 여자보다 성대가 훨씬 크기 때문에 목 앞으로 불룩 나와 있습니다. 서양에서는 이 부분을 '아담의 사과'라고 부르지요. 남자의 성대는 평균 길이가 18mm이고, 여자는 10mm입니다. 그러므로 남자의 목소리는 여자보다 훨씬 굵은 저음이 됩니다. 남자든 여자든 키가 큰 사람은 일반적으로 성대의 길이도 좀 더 길어, 키가 작은 사람보다 굵은 음성을 가집니다.

질문 106. 목이 쉬어 말이 잘 나오지 않는 것은 무엇 때문입니까?

성대와 주변의 조직에 염증이 생겨 아픈 것을 후두염이라 합니다. 후두염이 되면 목이 아프고, 쉰 목소리가 나며, 음식을 삼킬 때 아프기도 합니다. 이런 후두염은 감기가 심하게 들었을 때, 담배를 많이 피웠을 때, 노래를 하거나 응원하느라 소리를 너무 질렀을 때 발생합니다. 후두염은 며칠 쉬면 저절로 낫고 목소리도 돌아옵니다.

질문 107. 말을 더듬는 이유는 무엇입니까?

말을 더듬는 사람은 대개 첫마디를 발음하기 힘들어하며, 같은 소리를 연달아 내면서 자연스럽게 말하지를 못합니다. 이런 말더듬은 초등학교에 입학하기 전 나이에 주로 많습니다. 말더듬을 하면 또래 친구들에게 놀림을 받기도 하지요.

말을 할 때는 폐, 성대, 목, 혀, 뺨, 입술과 같은 여러 발성기관이 복잡하게 협동합니다. 나이가 어릴 때는 이런 발성기관이 아직 잘 성숙하지 않았기 때문에 많은 어린이들이 말을 더듬습니다. 때로는 말을 잘 하던 어린이도 다른 친구가 더듬는 것을 흉내 내다가 말더듬이가 되기도 합니다. 그러므로 말더듬은 절대 흉내를 내지 않아야 합니다.

대부분의 어린이는 성장하면서 말더듬이 사라집니다. 그러나 일부 청소년(또는 성인도)은 잘 고치지 못합니다. 말더듬의 원인은 아직 확실하지 않습니다. 긴장하거나, 다른 사람을 두려워하는 성격이거나, 열등감이 심한 등의 정신적인 문제도 큰 영향을 준다고 생각하고 있습니다. 초등학교에 입학할 나이가 되어도 말더듬을 계속하면, 말더듬을 전문으로 치료하는 언어치료사를 찾아 고치도록 해야 합니다.

말더듬은 여자보다 남자 어린이에게 많이 나타납니다. 천천히 조용히 말하며, 숨을 깊이 마시고 말하는 훈련을 계속하면 말더듬을 고치는데 도움이 됩니다.

질문 108. 편도선은 왜 붓고 아프게 되나요?

우리 몸에는 림프선(임파선)이라 부르는 조직이 몸 여기저기 있습니다. 림프선은 몸 안에 침투한 세균이나 이물질을 방어하는 작용을 합니다. 이곳에서는 림프구(임파구) 또는 림프세포라고 부르는 백혈구의 일종이 생산됩니다. 림프구는 침입한 세균이 혈관 속으로 들어가지 못하도록 퇴치하는 작용을 합니다.

편도선이란 혀의 뒤쪽 양편에 있는 커다란 혹 같은 조직으로, 림프선의 하나입니다. 편도선은 갓난아기일 때는 아주 작지만 7세 정도가 되면 커다랗게 발달합니다. 숨을 쉴 때 코나 입으로 병을 일으키는 세균이 들어오면, 편도선과 입과 목 근처에 있는 다른 림프선에서 대부분의 세균이 퇴치됩니다.

만일 일부 병균이 편도선에 침투하여 증식하게 되면, 편도선이 아픈 편도선염이 됩니다. 편도선이 부었을 때는 대부분 목구멍이 아프고 열이 나며 침을 삼키기 어려워집니다.

편도선염은 며칠 사이에 저절로 치유됩니다. 사람들 중에는 끊임없이 편도선염에 걸려 고생하는 분이 간혹 있습니다. 이럴 때 의사는 아예 편도선염에 걸리지 않도록 수술로 편도선을 제거하는 방법을 추천하기도 합니다.

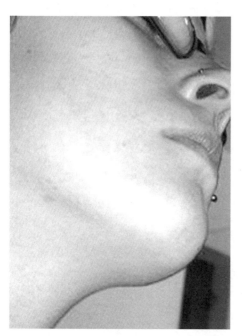

사진 108.
침을 삼킬 때 목구멍이 아프고 열이 나면 편도선염일 가능성이 높습니다.

제6장
얼굴과 피부에서 일어나는 현상

질문 109. 우리 몸 곳곳에는 왜 털이 자라나오나요?

대부분의 포유동물은 피부가 많은 털로 덮여 있습니다. 털이 빽빽이 자란 동물의 피부를 '모피'라 하지요. 이런 모피는 추위를 막아주고 피부 보호 작용도 합니다. 그러나 고래, 코끼리, 바다사자, 코뿔소 등은 드문드문 털이 있으며, 사람은 털이 적은 편에 속합니다.

사람에게는 턱수염, 눈썹, 속눈썹, 코털, 귀털, 겨드랑이털, 가슴털, 음모 등이 자라고 있습니다. 털은 머리카락이나 수염처럼 길게 자라는 것, 눈썹 처럼 짧고 빳빳하게 자라는 것, 굵은 것, 가느다란 것 등, 자라는 부위에 따라 차이가 있습니다. 털이 자라는 속도는 털이 난 위치에 따라 다릅니다.

머리카락은 하루에 0.3~0.4 밀리미터 자랍니다. 털의 색은 털에 포함된 멜라닌 색소의 양에 따라 달라집니다. 멜라닌 색소가 많으면 흑발이 되고, 함량이 줄면 점차 갈색, 금발이 되고, 색소가 거의 없으면 은발이 됩니다.

모든 털은 피부 아래에 묻혀 있는 구멍에서 자라나옵니다. 털이 자라 는 구멍(모공이라 함)은 긴 주머니 처럼 생겼기 때문에 모낭(毛囊)이 라 부릅니다. 털은 이 모낭의 바닥

사진 109.
포유동물의 피부는 대부분 많은 털로 덮여 있습니다.

에 있는 모낭세포에서 자라나오는데, 이 부분을 모근(毛根)이라 합니다.

털의 성분은 '케라틴'이라는 딱딱한 성질을 가진 단백질입니다. 우리의 손톱과 발톱, 짐승들의 발굽과 뿔 모두 케라틴입니다. 케라틴은 뜨거운 물에 녹지 않으며, 단백질 분해 효소에도 변화되지 않는 물질입니다. 모낭에서 자라나오는 털의 단면을 잘라보았을 때 원형인 것은 곧은 머리카락이고, 타원형인 것은 곱슬곱슬한 머리카락이 됩니다.

머리에는 약 8만~12만개의 머리털이 자라고, 몸 전체의 털 수는 약 500만 개입니다. 털은 얼마큼 자란 뒤 빠지고 다시 자라고 하는 털갈이를 계속한답니다. 아기가 가지고 있던 솜털은 성장하면서 없어집니다. 머리카락은 매일 약 70~80개가 빠지고 새로 자라나옵니다. 그러나 나이가 들면 많은 털이 빠지고 다시 자라나지 않게 됩니다.

한국인은 대부분 검고 곧게 펴진 머리카락(직모)을 가지고 있습니다. 반면에 서양인과 흑인은 곱슬머리입니다. 흑인의 머리카락은 더욱 곱슬곱슬합니다. 머리카락의 색과 곱슬거림은 유전적이지요.

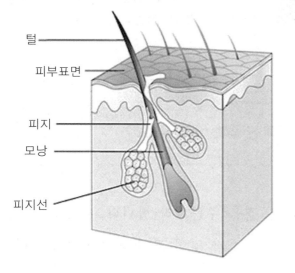

털

피부표면

피지

모낭

피지선

그림 109.
털이 자라는 모낭세포의 구조

질문 110. 눈썹은 왜 머리카락처럼 길게 자라지 않나요?

몸에서 자라나오는 털은 그 위치에 따라 자라는 속도에 차이가 있고 수명도 다르답니다. 머리카락은 새로 나와 빠지기까지 2~5년의 수명을 갖지만, 눈썹 털은 겨우 3~5개월이랍니다.

만일 머리카락을 자르지 않는다면, 길게 자란 것은 허리 아래에까지 이르지요. 드물게 허리보다 더 길게 머리를 기른 사람이 있는데, 세계 기록으로 인도의 한 여인은 5m나 되도록 길렀답니다.

사진 110.
머리카락은 수명이 길고 눈썹은 짧기 때문에 길게 자랄 수 없습니다.

질문 111. 얼굴의 주근깨는 왜 생기나요?

얼굴 여기저기 드러난 검은색의 작은 점을 주근깨라 합니다. 이것은 머리카락이나 눈동자의 색을 만드는 멜라닌 색소가 많이 모인 작은 반점입니다.

주근깨는 동양인보다 서양인의 얼굴과 피부에서 더 많이 생기고 있습니다. 태양빛을 많이 쬐고 나면 주근깨가 더 잘 보이는데, 이것은 피부에 더 많은 색소가 생겨난 결과입니다.

사진 111.
피부세포에 멜라닌 색소가 모인 주근깨는 서양인의 얼굴에 더 많이 있습니다.

질문 112. 여드름은 왜 생기나요?

우리의 피부는 눈에 잘 보이지도 않는 작은 털이 뒤덮고 있습니다. 인체의 털은 모두 모낭이라 부르는 작은 피부조직 아래에 있는 구멍으로부터 자라나옵니다(질문 109 참조). 이 모낭에는 피지선(皮脂腺)이라 부르는 기름샘이 있습니다. 피지선에서 나오는 기름 성분은 피부가 건조해지는 것을 막고, 부드러우면서 탄력을 갖도록 해줍니다.

피지선에서 너무 많은 기름이 생산되면, 모낭은 기름으로 넘치게 되고, 여기에 세균까지 감염되면 모낭의 구멍이 막혀버립니다. 그러면 우리 몸은 감염된 모낭을 보호하기 위해 세균과 싸우게 됩니다. 그 결과 모낭은 붉게 부풀어 여드름이 됩니다. 여드름을 손으로 자꾸 짜면, 세균이 주변에까지 퍼져 염증을 더 악화시키기도 합니다. 악화된 여드름은 낫기까지 몇 주일이 걸리기도 하며, 나은 후에 상처가 남기도 합니다.

여드름은 사춘기가 되면서 생기기 시작합니다. 이 시기에 여드름이 나는 것은 아주 정상이며, 남의 시선을 의식할 필요가 없습니다. 여드름은 어른으로 성장해가는 시기에 분비량이 증가한 호르몬이 피지선에서 기름이 많이 생산되도록 한 때문입니다. 여드름이 심하면, 아침과 저녁에 부드러운 비누로 세수를 하여 피부를 깨끗이 합니다. 만일 여드름이 악화되면 피부과 의사를 찾아 치료를 받도록 합니다.

질문 113. 피부에 생기는 사마귀는 무엇입니까?

사마귀는 피부 세포에 바이러스가 침범하여 생기게 됩니다. 사마귀 바이러스가 감염된 부분의 세포는 세포분열을 정상보다 빨리 하여 작은 혹을 만들지요. 사마귀는 보기 싫기는 하지만 인체에 해롭지는 않습니다. 그리고 대개 몇 달 지나면 저절로 사라지고 매끈한 피부로 되돌아옵니다.

사마귀 바이러스는 피부가 서로 접촉하여 전염되지만, 대부분의 사람은 이 바이러스에 저항력을 가지고 있어 감염되지 않습니다. 약국에서는 사마귀 세포를 파괴하는 화학약품을 팔고 있으며, 피부과에서는 레이저로 태우거나 수술로 사마귀를 간단히 제거해줍니다.

질문 114. 발바닥 같은 곳에 굳은살과 티눈은 왜 생깁니까?

손바닥이나 발바닥의 마찰이 많은 부분에는 피부가 두터워진 굳은살이 생깁니다. 이런 굳은살은 피부를 보호하기 위한 나타나는 자연스런 피부의 반응입니다. 그러므로 마찰이 없어지면 굳은살도 자연히 사라집니다.

발바닥이나 발가락에 작으면서 딱딱한 티눈이 생기는 경우가 있습니다. 티눈이 생기는 원인도 신발이 발에 맞지 않거나, 그 부위에 마찰이 잦거나 할 때 생겨납니다. 티눈은 약국에서 파는 티눈 액이나 티눈 패드를 몇 차례 바르면 없어집니다. 티눈 제거 약품은 각질세포를 녹이는 '살리실산'이라는 화학물집입니다. 그러므로 이 약품을 사용할 때는 다른 부분에 닿지 않도록 각별히 조심해야 합니다.

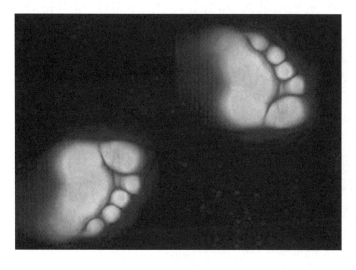

사진 114.
굳은살이 두터워진 티눈은 신발과 접촉이 많은 부분에 잘 생깁니다.

질문 115. 머리 피부에 생기는 비듬은 무엇인가요?

우리 몸의 피부세포는 끊임없이 새로운 세포로 바꿔치기 되고 있습니다. 과학자의 계산에 따르면 1분 동안에 약 1천만 개의 피부세포가 새로 복제되고, 그 만큼 죽고 있답니다. 피부에서 떨어지는 먼지 같은 것은 모두 피부 세포가 죽어 생기는 것입니다. 그러나 뇌의 세포는 죽으면 재생되지 않습니다.

누구든지 머리를 오래 감지 않으면 두피에서 분비된 기름 성분과 죽은 표피 세포가 결합하여 비늘처럼 흰 가루가 되어 떨어지는 비듬이 됩니다. 그러므로 머리를 자주 감으면 비듬을 볼 수 없습니다.

그러나 아무리 자주 씻어도 비듬이 생기고 두피가 가려운 것은 일종의 피부병입니다. 이런 비듬은 처음에는 좁은 부분에서 일어나다가 차츰 범위가 넓어집니다. 대부분의 경우 두피 세포에 '피티로스포름'이라는 곰팡이균이 증식하여 이런 비듬이 되는데, 약국에서 파는 비듬 치료제를 사용하여 지시에 따라 몇 차례 머리를 감으면 곰팡이균이 제거됩니다. 두피에 생기는 피부병이 여러 가지 있으므로 잘 낫지 않으면 전문의사의 치료를 받아야 합니다.

사진 115.
애완견도 자주 씻어주면 피부병을 예방하고 냄새도 적게 납니다.

질문 116. 입술의 피부가 벗겨지거나, 부르트는 것은 어떤 이유 때문입니까?

입술은 다른 피부 부분과 달리 피지선(지방질이 분비되는 샘)이 없습니다. 또한 입술은 피부 조직이 아주 얇아 내부의 모세혈관 빛이 드러나 항상 붉게 보입니다. 입술은 피부가 얇은 만큼 연약하기도 하고, 신경도 예민합니다.

입술 피부가 거칠어지는 때는 대개 공기가 건조한 겨울이며, 그중에서도 몸이 피곤할 때 잘 벗겨집니다. 입술이 부르트는 현상은 과로했거나, 스트레스를 받았거나, 몸이 아파 면역력이 약해졌을 때 잘 발생합니다. 입술이 부르터 진물이 난다면 거기에는 '헤르페스'라는 바이러스가 감염된 경우가 많습니다.

질문 117. 겨드랑이나 발바닥을 간질이면 왜 몸을 뒤틀며 깔깔 웃음이 나지요?

피부 밑에는 여러 가지 감각을 느끼는 신경이 있습니다. 벌레가 지나가거나 깃털로 문지르면 피부는 가벼운 간지럼을 느낍니다. 한편 겨드랑이의 갈비뼈 부분이나 발바닥은 더 심하게 간지럼을 탑니다. 겨드랑이나 발바닥의 신경이 유난히 간지럼을 잘 타는 이유는 과학자들도 찾아내지 못하고 있습니다.

누군가가 간지럼을 태우면, 촉감이 지나치게 자극을 받아 몸이 놀라면서 근육이 긴장하게 됩니다. 간지럼은 유쾌한 기분이 아니므로 우리 몸은 간지럼 자극을 급히 피하려고 합니다. 만일 간지럼이 계속된다면 "그만해! 그만해!" 하고 소리를 지릅니다.

간지럼을 태우면 좋은 기분이 아니면서도 웃음이 나오는 것은, 움츠러든 근육의 긴장을 피하려는 하나의 방법이라 생각됩니다. 몹시 화가 난 사람이 긴장된 감정을 벗어나는 방법으로 "허!허! 이것 참!" 하고 어이없어 하며 웃는 경우와 비슷한 것이라고 생각됩니다.

사진 117.
겨드랑이는 감각이 예민하여 간지럼을 잘 탑니다.

질문 118. 추우면 왜 피부에 소름이 솟고 몸이 떨리나요? 공포에 휩싸일 때 생기는 소름이나 떨림과는 어떻게 다른가요?

몹시 추우면 피부의 근육이 수축하면서 소름이 도톨도톨 돋아납니다. 자세히 보면 소름이 생긴 곳은 모두 털이 자라나온 부분(모공)입니다. 추운 날

아침, 참새나 비둘기를 보면 깃털을 잔뜩 부풀린 모습으로 앉아 있습니다. 이처럼 피부 근육을 긴장시켜 깃털을 세우면, 털 사이에 공간이 많아져 체온을 잘 보호하게 됩니다. 공기는 열을 잘 전하지 않는 성질이 있으니까요.

사람이 추우면 소름이 솟는 것도 새들이 깃털을 곤두세워 보온하려는 것과 같은 이유입니다. 과학자들은 수백만 년 전 인간이 동물처럼 털이 많던 때의 행동이 지금까지 남아있는 것이라고 생각합니다.

몹시 두려운 상황을 만났을 때도 추울 때처럼 소름이 솟고, 공포에 몸이 떨리는 경우가 있습니다. 심한 공포감을 느끼면 우리 몸은 아드레날린이라는 호르몬을 분비하여, 위기에 대응하도록 합니다. 아드레날린은 심장이 빨리 뛰고 호흡이 가쁘도록 하며, 근육을 긴장시킵니다. 이때 피부의 수축으로 소름이 솟지요.

우리는 두려운 상황에 놓이거나, 어려운 시험을 앞두고 긴장하거나, 몹시 화가 나거나 할 때 몸이 부르르 떨림을 느낍니다. 이때도 아드레날린이라는 호르몬이 평소보다 많이 분비된 결과입니다.

많은 동물들은 적을 만나거나 하면 피부를 긴장시켜 털을 빳빳이 세우는 방법으로 자신의 모습이 크고 강하게 보이도록 합니다. 사람도 원시시대에 맹수를 만나거나 하면 이와 비슷했으리라고 생각합니다.

냉기가 심해지면 피부에 소름이 솟는 한편 덜덜 떨리기 시작합니다. 추위가 심할수록 떨림의 정도도 강해집니다. 몸이 떠는 것은 근육이 아주 빠르게 연달아 움직이며 수축을 반복하고 있는 상태입니다. 근육이 이처럼 급히 움직이면 에너지를 많이 사용하므로 열이 납니다. 운동을 심하게 하면 열이 올라 땀을 흘리게 되는 것과 같은 작용입니다.

질문 119. 겨울에는 왜 소변을 자주 보게 되고, 소변 후 몸이 부르르 떨리는 이유는 무엇입니까?

일반적으로 어른은 평균 하루에 1~1.5리터의 소변을 배출하며, 한번에 누는 소변 양은 0.3~0.5리터입니다. 누구든 여름철에는 더위로 땀을 많이 흘리기 때문에 소변 양이 적습니다. 그러나 겨울에는 땀을 적게 흘리는 대신 소변을 자주 많이 보게 되지요.

소변은 몸 안에 저장되어 있는 동안 체온과 같은 온도로 데워져 있습니다. 따뜻한 소변이 한꺼번에 빠져나가면 몸은 상당량의 체온을 잃어 한기를 느낍니다. 이럴 때 따뜻한 계절에는 모르지만 겨울에는 빠져나간 열량을 빨리 보충하는 방법으로 부르르 떨게 됩니다. 이것은 추울 때 몸이 떠는 이유와 비슷합니다(질문 118 참조).

질문 120. 더우면 왜 땀이 흘러나오나요?

체온은 영양분이 화학적으로 분해되어 에너지로 사용될 때 생겨납니다. 운동을 심하게 하면 영양분이 대량 분해되면서 많은 열이 나게 됩니다. 그런데 인체는 체온이 섭씨 약 37도보다 낮거나 높아지면 이상이 발생합니다. 그러므로 인체는 자동으로 체온을 조절하도록 만들어져 있습니다.

날씨가 덥거나, 운동으로 체온이 오를 때, 몸은 두 가지 방법으로 체온을 내립니다. 첫 번째 방법은 피부 쪽으로 많은 혈액이 흐르도록 하는 것입니다. 그러면 혈액의 온도가 피부를 통해 밖으로 방출되어 빨리 체온이 내려가게 되지요.

다른 한 가지 방법은 땀을 흘리는 것입니다. 우리의 피부 깊숙한 곳에는 수백만 개의 땀샘이 있습니다. 땀샘의 끝(땀샘 구멍)은 피부 밖으로 열려 있습니다. 체온이 오르면 땀샘에서는 수분을 많이 뽑아내어 땀으로 흘러나가게 합니다. 피부 표면으로 나온 땀은 증발하면서 주변의 열을 뺏어가기 때문에 체온이 내려가게 됩니다.

반면에 공기 중에 습기가 많은 날은 피부 밖으로 나온 땀이 체온을 내려줄 만큼 잘 마르지 않기 때문에 더욱 무덥게 느껴집니다. 여름에 면직 옷이 시원한 것은 다른 종류의 천보다 땀을 잘 흡수하여 빨리 건조되도록 하기 때문입니다.

땀을 지나치게 흘리면 수분이 부족해져 탈수현상으로 갈증이 납니다. 그러므로 목이 마르면 물을 충분히 마셔야 근육이 정상으로 활동할 수 있습니다. 우리 체중의 약 62%는 수분입니다. 만일 계속 갈증을 참아 탈수가 심해

사진 120.
땀은 체온을 식혀주기도 하지만, 몸속의 노폐물을 배출하는 작용도 합니다.

지면 생명이 위독해집니다.

땀 속에는 소금기(염분)가 많이 녹아 있습니다. 그러므로 지나치게 많은 땀을 흘리면 염분도 대량 빠져 나가 생명이 위험해집니다. 무덥거나 운동으로 땀을 많이 흘린 뒤에 간장(또는 소금)을 조금 탄 물을 마시면 냉수보다 더 맛이 좋게 느껴집니다. 판매하는 '스포츠 음료'는 당분과 함께 간간할 정도로 소금을 녹인 물이랍니다.

질문 121. 진땀(식은땀)은 덥지도 않은데 왜 나오나요?

사람들, 특히 청소년들은 진땀이 나는 경우를 잘 의식하지 못합니다. 그러나 대화 중에는 "거짓말이 탄로날까봐 진땀을 뺐다."라든가, "변명하느라 진땀을 흘렸다." "손에 땀을 쥐고 경기를 지켜보았다."는 등의 말은 잘 합니다. 이와 같이 정신적으로 매우 긴장하고 있거나 두렵거나 할 때, 어떤 호르몬의 작용으로 끈끈하게 흐르는 땀을 진땀이라 합니다. 그래서 때로는 이런 땀을 '식은땀'이라 말하기도 하지요.

진땀은 몸이 매우 허약하거나, 견디기 어렵도록 아플때 잘 흐릅니다. 이런 진땀은 이마, 손바닥, 때로는 몸 전체에서 흘러나오기도 합니다. 만일 덥지도 않은데 온몸에서 땀이 나는 일이 생긴다면, 몸에 이상이 있으므로 의사를 곧 찾아가야 합니다.

질문 122. 땀을 많이 흘리고 나면 왜 몸에서 땀 냄새가 심하게 납니까?

몸에서 흐르는 땀 자체에는 아무 냄새가 없습니다. 그러나 땀을 흘리고 조금 지나면 냄새가 나기 시작합니다. 땀은 모세혈관이 연결된 땀샘에서 분비됩니다(질문120 참조). 땀의 성분은 대부분 물이고, 그 속에는 염분과 노폐물이 포함되어 있습니다.

땀 냄새는 젖은 피부에 박테리아가 번식하면서 나게 됩니다. 피부에 붙은 박테리아는 적당한 수분과 땀 속의 노폐물을 영양분으로 하여 증식합니다. 불쾌한 냄새는 노폐물이 분해될 때 생겨나는 화학물질에서 발생하는 것입니다. 특히 기온이 높은 여름에는 다른 계절보다 박테리아가 매우 빨리 증식하기 때문에 금방 땀 냄새가 심하게 나기 시작합니다.

특히 신발을 신은 발에서 땀이 나면, 여러 종류의 박테리아가 대량 불어나 고약한 냄새가 납니다. 그러므로 땀을 흘리고 나면, 땀에 젖은 옷이나 양말을 벗고, 비누로 얼른 씻는 것이 자신의 건강을 지키는 데도 중요하고, 다른 사람에게 불쾌감을 주지 않습니다.

우리의 땀샘에는 '에크린 땀샘'과 '아포크린 땀샘' 두 가지가 있습니다. 에크린 땀샘은 온 몸에 있는 반면에, 아포크린 땀샘은 겨드랑이와 사타구니에 주로 몰려 있습니다. 아포크린 땀샘에서는 단백질과 지방질 성분이 포함된 땀이 나옵니다. 만일 어떤 사람에게서 몸 냄새(체취)가 심하게 난다면, 아포크린 땀샘의 땀에 세균이 많이 번성한 때문입니다.

아포크린 땀샘은 어릴 때는 거의 활동하지 않다가, 성인이 되면서 많이 분비하게 됩니다. 사람은 자기 몸에서 나는 냄새를 잘 느끼지 못합니다. 자기 체취를 계속 맡고 있으므로, 그 냄새에 마비되어 있기 때문입니다. 코는 같은 냄새를 몇 분간 계속 맡으면 마비 현상이 나타나 느끼지 못합니다.

땀 냄새의 정도는 사람에 따라 다릅니다. 냄새가 심한 사람은 향수를 뿌리거나, 땀이 나오는 것을 막는 발한억제제를 사용하기도 합니다만, 자주 몸을 씻는 것이 좋습니다.

질문 123. 물속에 오래 있으면 왜 손바닥과 발바닥에 물주름이 잡힙니까?

목욕탕에서 따뜻한 물로 목욕을 하거나, 수영을 오래 하다가 보면, 손과 발바닥이 마치 건포도 표면처럼 잔뜩 주름이 잡혀 있습니다. 그러나 물에서 나와 옷을 갈아입고 얼마 있으면 주름은 모두 사라지고 없습니다.

손바닥과 발바닥은 피부층의 두께가 다른 곳보다 두텁습니다. 물속에 오래 있으면 두터운 피부층은 많은 수분을 흡수한 탓으로 늘어나, 마치 물에 젖은 신문지처럼 주름이 잡히게 됩니다. 그러나 피부가 마르면 그 주름은 곧 펴집니다.

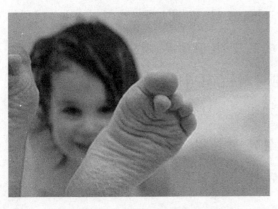

사진 123.
손과 발바닥 피부가 물에 붙면 피부가 늘어나 물주름이 잡힙니다.

고무장갑을 오래 끼고 있다가 벗어보면, 그때도 주름이 잡혀 있습니다. 이 때는 손에서 나온 땀이 고무장갑 속에 고여, 주름이 되도록 한 것입니다. 만 일 여러분이 목욕을 하고 나왔는데도 손바닥에 주름이 생기지 않았다면, 목 욕 시간이 짧았던 탓입니다.

질문 124. 손톱과 발톱은 성분이 무엇이며 어떻게 자라나요?

사람의 손은 너무나 훌륭한 연장입니다. 그 손으로 온갖 일을 하고, 무엇 을 만들고 고치고 하지요. 손톱이 없다면 그런 기능을 제대로 할 수 없게 됩 니다.

손톱과 발톱은 '케라틴'이라 부르는 단백질 성분으로 구성되어 있습니다. 케라틴은 손발톱과 머리카락을 건축하는 벽돌과 같습니다. 케라틴이라는 말 은 '동물의 머리에 솟은 뿔'을 의미하는 그리스어에서 나왔답니다. 많은 동 물들의 발에는 발톱이 잘 발달해 있습니다. 그들은 발톱으로 먹이를 잡아 찢고, 나무에 오를 때 단단히 움켜잡으며, 가려운 곳을 긁기도 하지요.

손가락 끝 부분을 보호하는 손톱은 단단하면서 탄성이 좋아 충격을 잘 견 딥니다. 그러나 손톱이나 발톱이 너무 자라나왔을 때 충격을 받으면 손톱 부위 전체가 상처를 입어 찢어지거나, 빠지거나, 기형이 되거나 합니다. 그 러므로 손발톱은 언제나 단정히 깎아두어야 합니다.

손발톱을 다듬을 때, 손톱은 끝을 둥그렇게 모양을 내도 좋지만, 발톱은 수평으로 깎아야 한답니다. 그렇지 않으면 발톱 좌우 가장자리가 살 속에서 자라나오게 되어 매우 아프게 하지요.

손톱과 발톱은 죽은 세포입니다. 거기에는 영양을 공급하는 혈관이 없으니까요. 손톱이 시작되는 부분에는 반달처럼 나온 하얀 조직이 묻혀 있는데, 이 부분은 그 모양 때문에 '반월'이라 부릅니다. 이 반월은 케라틴을 만드는 세포들이 모여 있는 손톱 공장과 같아요. 이곳에서 케라틴이 계속 생산되기 때문에 손톱은 조금씩 자라면서 위로 밀려나갑니다.

손톱 아래 반월의 크기나 모양은 건강과는 아무 관계가 없습니다. 그러나 손톱 밑은 투명하기 때문에 혈관의 상태를 보여줍니다. 잘 관찰하면 몇 가지 건강의 이상을 찾아낼 수 있습니다. 만일 손톱 아래가 분홍빛이 아니고 새파랗다면 손으로 흐르는 혈액의 흐름에 이상이 있다고 볼 수 있습니다. 손톱이 심하게 휘거나, 움푹 꺼지는 등 비정상으로 자라면 의사에게 보여 다른 병이 없는지 진단을 받아야 합니다.

손톱은 대개 3개월에 1cm 정도 자랍니다. 그런데 나이가 많아지면 손톱

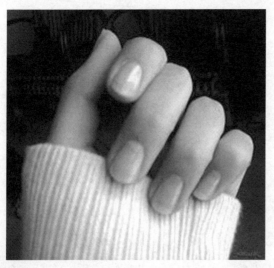

이나 머리카락이 자라는 속도가 줄어듭니다. 오른손잡이는 오른손 손톱이 조금 더 빨리 자랍니다. 왼손잡이는 반대이지요. 그 이유는 자주 쓰는 손으로 더 많은 혈액이 흐른 탓이라고 생각한답니다.

사진124.
손톱과 발톱의 성분은 단백질의 일종인 케라틴입니다.

질문 125. 손톱을 깎지 않으면 어떤 모양이 되나요?

손톱과 발톱을 가진 동물들은 그들의 손발톱인 발굽이나 발톱을 깎지 않고 삽니다. 그들에게는 발굽과 발톱이 없어서는 안 될 도구이고 무기이기도 합니다. 그러나 인간은 손톱을 적당한 길이로 깎고 다듬지 않는다면, 그 손으로 일을 할 수 없습니다. 거추장스럽기도 하지만, 손톱과 함께 손가락을 다칠 위험이 많기 때문입니다.

발톱도 마찬가지입니다. 맨발로 걷는다면 돌부리에 부딪히면 긴 발톱이 부러지게 됩니다. 이때 발톱과 함께 발가락도 심하게 다칩니다. 어떤 나라의 점술사들은 손톱을 자르지 않고 삽니다. 그들의 손톱 모양은 마치 앵무새 주둥이처럼 길고 뾰족합니다.

질문 126. 피부의 상처가 깊으면 왜 꿰매는 수술을 해야 하나요?

날카로운 칼이나 유리 등에 깊게 베거나, 상처가 크면 병원에서 수술용 실로 기워야 합니다. 피부 속으로 깊이 상처가 생기면 굵은 혈관이 끊어져 지혈시키기 어려우며, 상처와 혈관 속으로 세균이 들어갈 위험이 커집니다. 그러므로 상처가 아무는데 긴 시간이 걸리며, 흉터가 생길 수 있습니다.

의사는 상처 부위를 잘 소독하고, 터지거나 찢어진 부분을 서로 바르게 붙

여 외과수술용 바늘과 실로 꿰맵니다. 얼굴의 큰 상처는 흉이 나지 않도록
더욱 조심스럽게 촘촘히 깁습니다.

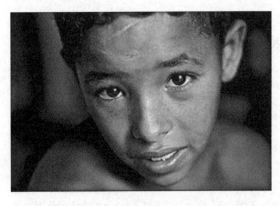

사진126.
사진의 어린이 이마에는 커다란 수술자국
이 남았습니다.

질문 127. 피부에 생긴 상처가 깊으면 왜 흉터가 남게 되나요?

피부를 이루고 있는 세포는 모든 세포 중에서 가장 바쁩니다. 피부 표면의
세포는 죽어 끊임없이 떨어져 나가고 있으며, 새로운 세포가 생겨나 그 자
리를 채웁니다. 피부세포는 약 28일마다 새 세포로 바뀌고 있지요.

피부의 세포는 긁히거나 상처를 입으면, 새로운 피부세포가 재생하여 며
칠 뒤에는 다친 곳이 어디인지 알 수 없을 정도로 말끔하게 회복됩니다. 그
러나 상처가 너무 크거나 깊게 베이거나 한다면, 이때는 피부의 세포만 아
니라 피부층보다 깊숙한 곳의 조직까지 상처를 입습니다. 이런 경우에는 피
부세포가 본래 모습으로 재생하는 것이 아니라, '흉터조직'이라 부르는 특
수한 세포가 생겨납니다.

흉터조직 세포는 피부세포와는 달리 탄성이 적고 두터우며 색깔도 옅습니다. 또한 피부세포와 달리, 표면에서 세포가 떨어져나가도 세포는 새로 생겨나지 않습니다. 그러므로 흉터는 주변의 피부와 다른 모양이며 색과 탄성도 다르답니다.

질문 128. 노인이 되면 왜 피부에 주름이 생기나요?

얼굴의 주름 상태를 살펴보면 상대방의 나이를 대략 짐작할 수 있습니다. 어릴 때는 없던 주름이 40세를 넘기면서 점점 생겨납니다. 나이가 들수록 주름의 수가 늘어나고, 주름의 깊이라든가 굵기도 더해갑니다. 나이가 들어도 주름이 전혀 생기지 않는 사람은 아무도 없지요. 그러나 사람에 따라 주름의 정도에는 차이가 있습니다.

얼굴의 주름은 웃거나, 미간을 찌푸리거나, 찡그리거나, 울거나, 눈썹을 치켜들 때 생겨납니다. 이런 주름은 같은 자리에 반복하여 생기므로, 나이가 들면 가만히 있어도 펴지지 않는 주름으로 변합니다. 같은 나이일지라도 어떤 사람은 주름이 많이 생기는 한편 훨씬 적은 분도 있습니다. 이런 사람은 유전적으로 부모의 피부를 닮았을 가능성이 많습니다.

햇볕 아래서 장시간 작업하는 직업을 가진 사람들은 그늘에서 일하는 사람에 비해 더 일찍 주름이 생기며 깊고 굵습니다. 이것은 자외선의 영향 때문입니다. 평소 그늘진 곳에서 기도생활을 주로 하는 수도원의 수도자들은 훨씬 주름이 적게 생겨납니다. 검은 피부를 가진 사람은 검은색이 자외선 침투를 막아주기 때문에 주름이 덜 생깁니다.

선탠(햇빛쪼이기)을 많이 하면 주름을 재촉하는 결과를 가져옵니다. 주름이 유난히 많은 노인의 얼굴 피부를 만져보면 아주 얇다는 것을 알게 됩니다. 자외선은 피부가 탄력을 갖도록 해주는 단백질 성분('콜라겐'이라는 섬유)을 약하게 만들며, 피부세포가 빨리 파괴되도록 하는 작용을 합니다. 그 결과 세포의 수가 줄어든 피부는 얇아져 주름이 됩니다. 두터운 종이보다 얇은 종이가 쉽게 접어지듯이 말입니다.

노인의 얼굴을 보면 뺨이나 눈 아래, 턱 아래의 피부가 늘어져 있습니다. 늘어지고 주름이 많은 피부를 가진 사람이 중력이 없는 우주공간으로 나간다면, 반반해지고 주름도 많이 줄어든답니다.

과학자들의 조사에 의하면, 담배를 피우는 사람은 남보다 훨씬 먼저 주름이 심해집니다. 담배를 피울 때 눈으로 들어가는 연기 때문에 눈과 얼굴을 자주 찌푸리고, 또한 연기를 빨 때 입술을 심하게 조이므로 입술 주변에 주름이 일찍 생기지요.

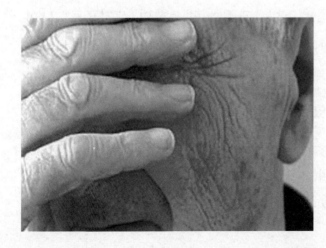

사진 128.
햇빛 아래서 일을 해온 노인은 주름이 더 굵게 생깁니다.

질문 129. 햇볕을 많이 쪼이면 왜 피부암이 잘 생기나요?

피부색이 희고 창백하면 건강이 나쁜 사람으로 보이기 쉽습니다. 그래서 많은 사람, 특히 젊은이들은 해수욕장이나 수영장에서 햇볕에 맨몸을 태워 건강해 보이는 갈색 피부를 만들려고 노력합니다.

피부가 불에 데어 심한 화상을 입은 자리나, 문신을 한 곳에 피부암이 발생하는 경우가 많습니다. 또한 태양 아래에 피부를 너무 심하게 노출해도 피부암이 쉽게 생길 수 있습니다.

태양빛에는 눈에 보이지 않는 자외선이 포함되어 있으며, 자외선은 높은 에너지를 가지고 있습니다. 피부 깊숙이 침투한 자외선이 피부 밑바닥 세포에 손상을 주면 암세포로 변할 가능성이 높아집니다. 만일 강한 자외선을, 보다 장시간 쪼인다면 피부암이 발생할 확률은 더욱 높아지지요. 미국의 경우, 1년에 자외선에 의한 피부암 발생자가 약 50만에 이른답니다.

특히 피부 세포 중에 멜라닌 색소를 생산하는 멜라닌세포가 암세포로 되면, 악성 암이 되어 간, 폐, 뇌에까지 퍼지기 쉽습니다. 다행히 피부암은 겉으로 들어나기 때문에 발견이 잘 되고, 암 중에서 완치율이 높습니다.

신문방송에서는 수시로 오존층이 파괴되고 있다는 뉴스를 보내고 있습니다. 오존층이란, 지구를 둘러싼 대기층의 맨 위층에 있는 원자 상태의 산소층입니다. 이 오존은 자외선을 잘 흡수하여 지구 표면으로 강한 자외선이 내려가는 것을 막아줍니다. 공장이나 자동차 등에서 나온 화학가스 중에는 오존을 없애버리는 성질을 가진 것이 있습니다. 사람들이 오존층이 줄어드는 것을 두려워하는 것은, 바로 강력한 자외선이 지상까지 내려와 피부암 환자를 더 많이 발생시킬 위험이 있기 때문입니다.

자외선이나 화학물질 때문에 유전자에 이상이 생긴 세포는 필요 이상 분열하여 혹(암 세포)을 만들게 될 가능성이 있습니다. 만일 몸에 사마귀나 검은 점이 새로 생겨 연필꼭지의 지우개보다 커진다면 의사의 진단을 받아야 합니다.

사진 129.
한꺼번에 피부를 태양에 노출하면 화상을 입으며, 피부암이 발생할 위험이 있습니다.

질문 130. 손가락의 지문은 어떤 역할을 하며, 왜 사람마다 모양이 다르고, 흔적을 남기게 되나요?

깨끗이 씻은 유리나 거울 표면을 엄지나 검지로 누르면, 거기에 지문(指紋)이 남아있는 것을 선명하게 볼 수 있습니다. 발가락 바닥에도 지문과 같은 무늬가 있습니다. 이 세상에는 같은 모양의 지문을 가진 사람은 일란성 쌍둥이일지라도 없다고 할 만큼 지문은 사람마다 다릅니다. 또한 사람의 지문은 일생 변하지도 않습니다.

만일 손바닥에 지문이 없다면 어떻게 될까요? 그렇게 되면 사람 손은 너무 매끄러워 삽이라든가 망치, 칼 등 도구를 잡을 수 없습니다. 원시시대의 사람들이라면 열매를 따기 위해 나무에 오르지도 못했을 것입니다.

손바닥에 지문만 있다고 해서 손바닥이 미끄러운 것을 막을 수는 없습니다. 손바닥에는 수없이 많은 땀샘이 있어, 이곳에서 끊임없이 땀이 솟아나고 있습니다. 땀에는 소금과 약간의 지방질도 포함되어 있습니다. 이처럼 수분으로 젖은 잔주름이 가득한 손바닥은 물건을 미끄러지지 않도록 잡아주는 중요한 작용을 합니다.

많은 범죄자들은 현장에 지문을 남긴 것이 증거가 되어 체포됩니다. 지문은 유리컵이나 문의 손잡이 같은 매끄러운 물체의 표면에 잘 드러나는데, 지문이 남는 이유는 땀샘에서 나온 성분과 함께, 물건을 만질 때 손가락에 묻은 먼지, 기름, 피, 물감 등이 있었기 때문입니다.

범죄를 과학적으로 조사하는 과학을 법의학(法醫學)이라 합니다. 수사기관에서는 보관된 개인의 지문을 컴퓨터로 빠른 시간에 대조하여 범인을 찾아내고 있습니다. 문의 입구에 지문을 기억시킨 전자장치를 두어, 지문이 확인되는 사람만 출입할 수 있게 만든 '지문인식 문'도 이용되고 있습니다.

손과 발바닥에서는 끊임없이 땀이 분비됩니다. 신비스럽게도 잠이 들면 손과 발바닥에서 나오는 땀은 멈춘답니다. 잠자는 동안에는 손으로 일을 하지 않으므로, 몸속의 수분을 아껴두는 방법이라 생각됩니다.

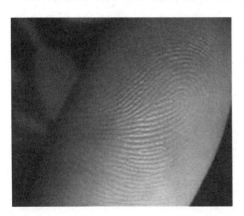

사진 130.
손바닥의 지문은 일생 변하지 않습니다. 손은 지문이 있기 때문에 도구를 미끄러지지 않게 단단히 잡습니다.

질문 131. 화상을 입으면 왜 위험하고 잘 낫지 않습니까?

　사람들은 부주의로 난로나 뜨거운 물 또는 국에 화상을 입는 경우가 많습니다. 목욕탕에서 실수로, 해수욕장에서 너무 태워 화상이 생기기도 하지요. 우리의 피부는 섭씨 60도 이상의 온도에 노출되면 화상을 입습니다. 화상만큼 무서운 부상은 없다고 해도 좋을 것입니다. 피부에 분포한 감각 중에서도 가장 민감하게 느끼는 것이 온도감각인 것은 그만큼 화상이 위험한 때문일 것입니다.

　화상을 가볍게 입어 피부 표면이 붉고 따끔거리는 정도라면 며칠 또는 1~2주일 사이에 깨끗하게 낫습니다. 그러나 화상이 깊어 물집이 생기고, 상처에서 진물이 계속 흐를 정도이면 보다 오래 걸립니다. 화상이 더 심하여 살점이 허옇게 변했거나 검게 타거나 했다면, 화상 부위에 다른 세균이 계속 감염되기 때문에 치료에 몇 개월 몇 년이 걸리기도 합니다. 뿐만 아니라 나아도 화상 특유의 흉터가 남습니다.

　화상이 두려운 것은 화상 입은 부분의 세포가 삶거나 구운 고기처럼 익어서 죽어버리기 때문입니다. 화상의 깊이와 정도에 따라 다르지만 화상 범위가 넓으면 생명이 위험합니다. 일생을 두고 뜨거운 것에 대해 방심하지 않아야 합니다.

질문 132. 찜질방(사우나)의 내부 온도가 아주 높은데도 화상을 입지 않는 이유는 무엇입니까?

주변에서 온갖 종류의 대중목욕탕을 찾아볼 수 있습니다. 더운 물을 채운 온탕에는 수온이 낮은 저온탕과 고온의 열탕이 있습니다. 저온탕은 수온이 섭씨 37도 정도이고, 고온탕은 43도 정도로 높게 하기도 합니다. 부모님과 함께 고온탕에 들어간 어린이들은 견디지 못하고 곧 나옵니다.

여름철이 되어 기온이 섭씨 30도를 넘으면 사람들은 더위를 심하게 느끼게 됩니다. 체온보다 기온이 높은 40도가 넘는 열대나 사막에 사는 사람들은 더위를 어떻게 견딜까 궁금합니다. 그런데 많은 사람들이 즐겨 찾는 사우나탕 속은 온도가 섭씨 80도를 넘기도 합니다.

우리 몸은 추위를 만나면 소름이 돋고 벌벌 떠는 방법으로 체온을 유지하려 합니다. 반면에 더위를 만나면 땀을 흘리는 방법으로 체온을 내리고 있습니다. 기온이 매우 높은 사우나에서 화상을 입지 않고 견딜 수 있는 것은 피부에서 끊임없이 많은 땀을 흘리기 때문입니다. 싸우나 속에서는 땀이 나오는 것을 잘 느낄 수 없습니다. 땀이 피부 밖으로 나오자마자 증발되기 때문이지요.

찜질방이나 사우나에서 뜨거운 열기를 오래 참다 보면 자신도 모르게 화상을 입습니다. 뜨겁다고 느껴질 때는 자신의 몸이 견딜 수 있는 온도의 한계에 도달한 것이므로 탕 밖으로 나가야 합니다.

질문 133. 반창고를 붙여둔 피부 부분은 왜 하얗게 됩니까?

손가락을 다쳐 2~3일간 반창고를 붙여 두었다가 떼고 보면 그 부분이 다른 곳보다 흰색이 되어 있습니다. 그러나 다시 하루 이틀 지나면 그 자리는 근처의 피부색과 같아져 있습니다.

사람이나 여러 동물의 피부세포에는 '멜라닌'이라 부르는 흑갈색 색소 입자가 있습니다. 머리카락, 털, 새의 깃털, 눈동자 색 등이 흑갈색인 것은 멜라닌 색소 때문이지요. 피부에 햇빛이 비치면 표면 쪽에 멜라닌 색소의 양이 증가하여 색이 짙어집니다. 그러나 햇빛을 보지 못하면 색소 입자는 줄어들어 옅어집니다.

멜라닌에는 색이 검은 '유멜라닌'과 갈색인 '페오멜라닌'이 있습니다. 동양인에게는 유멜라닌이 많고, 서양인에게는 페오멜라닌이 많습니다. 아프리카의 흑인들은 강한 자외선에 잘 견디도록 검은 피부의 인류로 진화한 것입니다. 화장품회사에서는 흰 피부를 원하는 사람들을 위해 멜라닌을 감소시키는 제품을 개발하고 있지요.

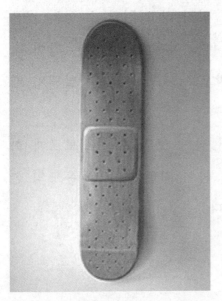

사진 133.
손가락에 밴드를 붙여두었다가 다음날 떼어보면, 그 자리의 피부가 흰색으로 보입니다.

질문 134. 아토피성 피부염은 왜 생깁니까?

아토피성 피부염은 원인이 불확실한 피부병입니다. 얼굴, 팔 다리, 몸통을 가리지 않고 생기는 이 피부병은 잘 낫지 않을 뿐 아니라, 치료해도 재발하기 일쑤이며, 증상도 다양합니다. 아토피성 피부병은 가려진 곳에 잘 발생하며, 너무 가렵기 때문에 긁어 염증이 생기기도 합니다.

아토피성 피부병은 농경생활을 하고, 어머니가 직접 젖을 먹이던 옛날에는 지금처럼 흔하지 않았습니다. 이 피부병은 아기에게 더 많이 나타나며, 성장하면서 점점 줄어듭니다. 그러나 성인 중에도 아토피성 피부염 환자가 많습니다.

의학자들은 현대과학이 발달하면서 사용하게 된 각종 화학물질 중 특수한 성분이 인체에 작용하여 이런 피부병이 생긴 것이라고 생각합니다. 원인으로 의심되는 화학물질에는 음식에 넣는 어떤 첨가물, 화학 섬유의 분말, 화학 접착제 등이 있습니다. 그 외에 집안 먼지, 카펫이나 침구 속에 사는 먼지 진드기(매우 작은 곤충), 애완동물의 털 가루 등도 원인으로 생각하고 있습니다.

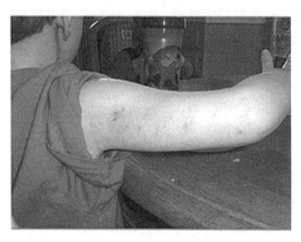

사진 134.
아토피성 피부염 증상으로 붉은 반점이 나타나고 가려움증이 심합니다.

아토피성 피부염은 알러지 환자와 동일한 원인으로 발병하므로, 알러지성 피부병으로 생각하고 있습니다. 이 피부병은 스트레스를 받거나 신경을 많이 써도 증세가 악화되는 경향이 있습니다.

질문 135. 모기에 물린 자리가 가려운 이유는 무엇입니까?

모기는 암수 모두 평소에는 식물의 꿀과 즙을 빨아먹습니다. 그러나 암컷 모기가 몸 안에 수정된 알을 가지면 사람이나 가축의 피를 빨지요. 그 이유는 알을 키우는데 영양이 풍부한 동물성 단백질이 필요하기 때문입니다.

모기는 밤에 주로 피 사냥을 나섭니다. 우리 피부에 앉으면, 바늘 관으로 된 주둥이를 내밀어 모세혈관이 있는 곳을 찾습니다. 그들은 금방 혈관을 발견하고, 2개의 관을 찔러 넣습니다. 하나는 피를 빨아내는 것이고, 다른 하나는 모기의 타액(침)을 피부 속으로 밀어 넣는 관입니다. 모기의 침은 모세혈관의 혈액이 굳어버리지 않도록 해줍니다. 만일 혈액이 응고해버리면 빨아먹을 수도 없으려니와, 모기 몸 안으로 빨려 들어간 피와 함께 모기 몸 전체가 단단히 굳어버리겠지요.

모기는 한번에 자기 체중의 4배나 되는 혈액을 빨 수 있습니다. 피를 잔뜩 먹은 모기를 확대경으로 관찰한 어떤 과학자는 "마치 붉은 색으로 장식된 작은 크리스마스트리처럼 보인다."고 말했습니다.

인체는 낯선 세균이나 물질(이물질)이 몸속으로 들어오면, 그것을 없애기 위해 특별한 반응을 일으킵니다. 모기 물린 자리가 가려워지는 것은, 바로 이 낯선 혈액응고 방지물질이 혈관에 들어온 때문입니다. 그에 따라 물린 자리 근처는 곧 가려움을 느끼며 발갛게 부어오릅니다. 낯선 물질에 대한 인체의 이런 반응을 알러지(알레르기) 현상이라 하지요.

알러지 현상은 몸의 세포에서 히스타민이라는 물질이 분비된 때문에 나타납니다. 히스타민이 분비되면 그곳으로 백혈구가 몰려옵니다. 모기 물린 자리로 달려온 백혈구는 모기의 혈액응고 방지물질을 감싸서 파괴하는 작용을 합니다. 백혈구가 많이 모이면 그 자리는 부어오르고, 긁으면 주변 조직으로 퍼져 더욱 간지럽게 만들기도 합니다.

집안을 날아다니는 모기의 비행방법을 관찰해보면 참으로 놀랍습니다. 그들은 절대 같은 방향으로 한순간도 날지 않습니다. 끊임없이 비행방향을 크게 바꾸며 날기 때문에 그들을 두 손바닥으로 때려 잡기가 정말 어렵습니다. 살충제 스프레이를 손에 들고 모기에게 쏘려고 해보면, 금방 어디론가 사라져버리는 그들의 비행술에 놀랍니다. 만일 모기처럼 지그재그로 날 수 있는 전투기가 있다면 공중전을 할 때 매우 유리할 것입니다.

모기는 사람의 피를 빠는 동안 약 100가지 바이러스나 세균을 옮기는(전염시키는) 것으

사진 135.
모기는 피를 빨 때, 혈액 응고를 방지하는 물질이 포함된 타액을 분비합니다.

로 알려져 있습니다. 그 중에 대표적인 것이 말라리아와 뇌염이지요. 그러므로 되도록이면 모기에게 물리지 않도록 해야 합니다.

배가 불룩하도록 모기가 피를 빨아도, 대부분의 경우 우리는 물린 것을 잘 느끼지 못합니다. 피부가 부풀어 오르고 가려워진 다음에야, 모기에게 물린 것을 알고 긁기 시작합니다. 흥미롭게도 모기에게 늘 물리며 사는 사람은 저항력이 생겨 부풀지도 않고, 가려움도 잘 느끼지 않게 된답니다.

질문 136. 왜 목욕을 자주 해야 합니까?

목욕은 첫째, 온종일 여기저기 다니는 동안 손발과 몸에 묻은 먼지와 세균을 씻어내는 역할을 합니다. 둘째, 목욕을 하면 피부 표면의 죽을 세포를 씻어내고 새로운 세포가 나오도록 합니다. 셋째, 우리 몸에서는 땀이 흐르므로, 땀 속의 분비물과 죽은 세포, 먼지 등이 세균에 의해 함께 분해되면서 나쁜 냄새를 만듭니다. 그리고 땀이 건조하면 염분이 몸 표면에 남습니다. 특히 아포크린샘에서는 진한 냄새물질을 분비합니다(질문 122 참조).

특히 머리카락에는 더 많은 먼지와 세균이 붙으며, 표면에서 비듬이 벗겨져 나오기도 합니다. 몸의 때는 죽은 피부세포와 먼지 등이 쌓인 것입니다. 목욕 때 피부를 심하게 문지르면 피부 세포를 상하게 하여 거친 피부를 만듭니다. 수건에 비누를 묻혀 문지르면 대부분의 때와 땀은 씻겨나갑니다. 샤워는 운동 후와 외출하고 돌아와 하는 것이 좋습니다.

제7장
운동과 건강한 몸

질문 137. 어떤 사람을 건강하다고 하나요?

원시시대의 사람들은 현대 문명 세계의 인간보다 훨씬 많은 노동(운동)을 했습니다. 숲과 들을 뛰어다니며 사냥을 하고, 물에 들어가 고기를 잡으며, 숲에서 먹을 것을 따서 껍질을 벗기는 등 끝없이 활동을 해야 했습니다. 농사를 짓던 농경시대의 선조들도 아침에 깨어나면서부터 잠들기 전까지 남녀를 가리지 않고 끊임없이 일을 했습니다.

오늘의 문명인 대부분은 편한 생활 속에서 운동부족으로 심신이 허약합니다. 그래서 다수의 사람들은 헬스클럽, 수영장, 테니스장, 골프연습장 등에 가서 운동을 하거나 조깅, 사이클링, 에어로빅, 요가, 스포츠 댄스 등을 하며 건강한 몸을 유지하려고 노력합니다.

일반적으로 건강한 사람이란 병에 걸리지 않고, 몸에 별다른 이상이 없는 사람이라 말할 수 있습니다. 그러나 독감이 유행할 때마다 쉽게 감기에 걸리는 사람이나, 조금만 심하게 일하거나 운동하고 나면 피곤해하거나 몸살을 하는 사람이 있다면, 그렇지 않은 사람보다 건강하다고 할 수 없습니다. 또한 남보다 빨리 달리고 운동을 잘 할 수 있는 체력이 강한 사람은 약한 사람보다 건강하다고 하겠습니다.

인체는 무리하게 운동하면 건강에 오히려 해가 되기도 하지만, 적절히 운동하면 훨씬 건강해져 병에 잘 걸리지 않고 강한 체력을 가질 수 있습니다. 사람은 개인마다 건강을 유지할 수 있는 능력에 차이가 있습니다.

질문 138. 운동을 매일 계속하면 왜 체력이 강해집니까?

줄넘기를 처음 하는 사람은 몇 십번 뛰지 않아 숨이 차고 다리가 아파 더 이상 계속하지 못합니다. 그러나 10일, 1달, 2달 계속 줄넘기를 연습하면, 나중에는 수백 번을 연달아 뛰어도 거뜬하고, 심지어 2단 뛰기를 수십 번 수백 번 뛸 수 있도록 체력이 좋아집니다.

턱걸이, 팔굽혀펴기, 토끼 뜀 등도 연습을 계속하면 1회도 하지 못하던 것을 수십 번 힘들지 않게 할 수 있게 됩니다. 역도 선수는 연습을 오래 하는 동안 더 무거운 것을 들 수 있게 되며, 추구선수는 더 멀리 공을 차게 되고, 수영선수는 더 빨리 더 멀리 헤엄치도록 체력이 향상합니다.

이처럼 체력이 좋아지는 것은 두 가지 큰 이유가 있습니다. 첫째는 그 운동에 필요한 근육이 같은 동작을 반복하는 동안 점점 숙달되고 강인해진 것

입니다. 두 번째는 운동을 반복하는 사이에 심장과 폐의 활동(심폐기능)이 강해졌기 때문입니다. 심폐기능이 좋지 않으면 잠시만 뛰어도 숨이 턱에 차고 가슴(심장)이 아파옵니다.

사진 138.
장기간 운동을 계속하면 강인한 근육을 가진 튼튼한 몸을 갖게 됩니다.

질문 139. 갑자기 달리기를 하면 얼마 못가 숨이 차고 옆구리가 결리며, 심장까지 아파지는 이유는 무엇입니까?

달리기를 하거나 어떤 운동을 하면, 근육이 더 많은 에너지(영양분)와 산소를 소비하게 됩니다. 근육이 활동하는데 필요한 에너지와 산소는 혈액을 통해 근육세포에 공급됩니다.

앉아 있거나 가볍게 걷고 있을 때는 심장이 천천히 뛰므로 약간의 에너지와 산소만 공급해도 충분합니다. 그러나 운동을 시작하면 운동량에 필요한 만큼 혈액을 공급해야 합니다. 그러므로 운동을 시작하면 심장이 뛰는 회수와 폐의 호흡수가 증가하기 시작합니다.

만일 갑자기 빨리 뛰기 시작했다면, 근육에 혈액이 제대로 공급되지 않은 상태이므로, 산소와 에너지가 부족해져 숨이 차고 옆구리가 결려 움직일 수 없는 상황이 옵니다. 이럴 때는 심장까지 조여드는 아픔을 느낍니다.

그러므로 운동을 시작할 때는 가벼운 준비운동부터 시작하여 점점 운동량을 늘려가야 합니다. 갑자기 격심하게 몸을 움직이면 부상도 입기 쉬우며, 심하면 근육이나 힘줄이 파열되기도 합니다.

사진 139.
운동을 시작하려면 관절과 근육을 부드럽게 해주는 준비운동을 합니다.

질문 140. 운동을 심하게 하면 체온이 오르고 땀이 흐르는 이유는 무엇입니까?

　운동을 하면 산소와 영양분(에너지) 소비가 급격히 많아지므로, 호흡이 가빠지고 체온이 오릅니다. 성인 남자의 경우 조용히 있으면 4분 동안에 약 1리터의 산소를 체내에서 소비하며, 약 5kcal(킬로칼로리, 칼로리는 몸에서 사용하는 에너지의 단위)의 열이 발생합니다. 우리의 체온은 이때 나온 열이랍니다. 몸이 조용히 있을 때 사용하는 에너지로 전구의 불을 켠다면 약 85와트짜리 전구를 밝힐 수 있다고 과학자들은 계산합니다.

　또한 걷기를 하면 약 4배나 많은 산소와 에너지를 사용하고, 달리기를 하면 달리는 정도에 따라 7~10배를, 마라톤 선수는 약 15배를 소모한답니다. 달리기를 하여 이처럼 많은 에너지를 소비한다면, 3분마다 체온이 약 1도씩 오르게 되어, 10분도 달리기 전에 체온이 40도에 육박하여 생명이 위험한 상태에 이르게 됩니다. 그러나 몸은 체온이 오르면 곧 땀을 흘려 일정한 체온을 유지하도록 조절합니다.

사진 140.
마라톤을 하면 조용히 있을 때보다 약 15배나 많은 에너지를 소비합니다.

질문 141. 뜨거운 태양 아래에 오래 있으면 왜 일사병에 걸립니까?

신체 중에서 열에 가장 약한 곳은 머리와 심장입니다. 뙤약볕이 쬐는 운동 장에서 심한 두통과 현기증을 느끼다가 의식을 잃고 쓰러지는 친구가 있다 면, 그는 뇌의 온도가 너무 올라간 탓으로 일사병에 걸린 것입니다. 대개 체 력이 약하고 건강하지 못한 사람이 일사병에 잘 걸립니다. 너무 더운 곳에 갇혀 있을 때 발생하는 열사병도 일사병과 비슷합니다.

질문 142. 스트레스를 받으면 건강에 나쁘다고 하는데, 스트레스란 무엇입니까?

사람만 아니라 모든 생명체는 태어나면서부터 스트레스를 받으며 일생을 삽니다. 어릴 때는 스트레스라는 말의 의미조차 모르고 자랍니다. 그러나 배 가 고픈 것, 춥고 더운 것도 스트레스에 포함됩니다. 스트레스는 환경 스트 레스, 생리적 스트레스, 심리적 스트레스 3가지로 크게 구분할 수 있습니다.

춥거나 더운 것, 호흡에 필요한 산소가 적거나 많은 것, 우주 공간처럼 중 력이 낮은 것, 반대로 수중처럼 압력이 높은 것, 공기 중에 탄산가스나 유독 가스가 많은 것, 심하게 흔들리는 것, 주변이 시끄럽거나 듣기 싫은 소리를 듣는 것, 제트기를 타고 빨리 출발할 때 느끼는 원심력 등은 환경 스트레스 에 해당합니다.

생리적 스트레스는 쉬지 못하고 피곤하게 일해야 할 때, 잠을 자지 못할 때, 배가 고플 때, 멀리 여행하여 시차를 느낄 때, 통증을 느낄 때 등에 받는 고통입니다.

시험을 앞두고 느끼는 불안, 낯선 곳에서 불량배를 만났을 때의 공포감, 친구와 다툰 뒤 느끼는 불쾌한 마음, 롤러코스터를 탈 용기가 나지 않는 두려움, 승객이 너무 많은 버스나 지하철 속에서 느끼는 답답한 기분, 갖고 싶은 것을 갖지 못할 때의 욕구불만, 알지 못하는 어려운 문제를 풀 때, 컴퓨터 게임이 제대로 되지 않을 때 느끼는 마음 등은 모두 심리적 스트레스라고 할 수 있습니다.

이러한 스트레스도 잘 견디는 사람과 그렇지 못한 사람이 있습니다. 심한 스트레스는 누구나 싫어합니다. 스트레스가 많으면 건강에 해가 됩니다. 그러나 적당한 스트레스는 오히려 적극적으로 생각하고 노력하는 정신을 가지게 하여 삶에 도움이 됩니다.

질문 143. 유산소운동과 무산소운동이란 무엇을 의미합니까?

장거리 달리기, 사이클링, 수영, 축구, 농구 등의 운동은 끊임없이 크고 작은 근육을 움직이면서 많은 산소를 소비합니다. 이처럼 운동 중에 산소 소비가 많은 운동을 유산소운동이라고 부릅니다. 일반적으로 전신을 크게 움직이면서 운동하면 심장과 폐의 활동이 증가하여 산소를 많이 소모하므로, 유산소운동이 됩니다.

반면에 무거운 역기를 번쩍 들어올렸다가 내려놓기, 단숨에 100미터를 달리기, 무거운 배낭을 지고 서 있기, 높이뛰기, 창던지기나 포환던지기, 사격 등의 운동은 순간적으로 큰 힘을 쓰긴 하지만, 운동하는 사이에 산소를 조금 소비합니다. 그래서 이런 종류의 운동은 무산소운동이라는 말을 쓰기도 합니다.

유산소운동과 무산소운동을 엄밀하게 구별할 수는 없습니다. 이런 용어를 사용하기 시작한 것은 그리 오래 되지 않습니다. 건강한 몸과 체력을 유지하기 위해서는 평소 유산소운동을 꾸준히 해야 합니다.

사진 143.
산소 소비가 많은 유산소 운동을 하면 심장과 폐가 튼튼해집니다.

질문 144. 마라톤 선수는 단거리 경주에서도 좋은 기록을 낼 수 있을까요?

400m와 1,000m 달리기 육상경기에서 우승하는 선수가 나오면, 우리는 그 가 100m 경기에서도 우승하기를 바랍니다. 그러나 단거리와 중거리, 장거리 모두 석권하는 선수는 나타나지 않고 있습니다.

마라톤이나 1,000m 달리기는 잘 하면서 100m 달리기에서는 기록이 좋지 못한 것은 이상한 일이 아닙니다. 단거리 기록은 좋으면서 장거리에서 우승하지 못하는 경우는 얼마든지 있습니다. 이것은 달리기를 잘 한다고 해서 힘까지 세지 않은 것이 이상하지 않은 것과 마찬가지입니다.

사람은 개인에 따라 잘 하는 운동이 서로 다릅니다. 육상이나 수영의 단거리 경기는 경기하는 시간이 아주 짧아, 경기하는 동안 산소를 많이 소비하지 않습니다. 이런 경기에서는 무산소운동에 강한 능력을 가진 사람이 좋은 성적을 올립니다. 반면에 장거리 선수는 유산소운동 능력이 우수해야 하지요. 한편 중거리에 강한 선수는 무산소운동과 유산소운동 능력이 모두 높아야 합니다. 그런데 무산소와 유산소 운동을 모두 뛰어나게 잘 하는 사람은 없답니다.

사진144.
장거리를 잘 달린다고 해서 반드시 단거리도 좋은 성적을 내는 것은 아닙니다.

질문 145. 식사 후 바로 운동을 하면 왜 나쁜가요?

식사를 금방 끝낸 뒤의 위는 음식이 가득한 자루와 같은 상태입니다. 몸을 움직일 때마다 자루의 내용물도 아래위로, 좌우로 마구 흔들립니다. 그러므로 식후에 바로 운동을 시작하면 몸이 균형을 잡는데 부담을 줍니다. 달리기든 축구든 어떤 운동이라도 몸의 균형을 잡기 불편하면 더 힘들고 운동도 효과적으로 이루어지지 않습니다.

식사를 하고 나면 소화활동을 돕기 위해 혈액이 소화기관의 혈관으로 많이 몰려갑니다. 그러므로 운동을 해야 하는 심장과 팔다리의 근육에는 혈액공급이 줄어든 상황이 되므로, 충분한 힘과 속도를 내기 어렵습니다. 배가 부를 때 억지로 달리면 기분이 나빠지고 구토감이 생길 때도 있습니다.

식사하고 1시간 정도 지나면, 소화된 음식이 소장으로 많이 들어갑니다. 소장은 자루가 아니라 파이프이므로 음식이 차곡차곡 들어가 위에서처럼 마구 흔들리지 않습니다. 스포츠 과학자들은 운동은 식사 후 1시간쯤 지난 뒤에 시작하는 것이 좋다고 합니다. 특히 격심한 운동은 2시간 후에 해야 좋은 기록을 낼 수 있습니다.

식사 직후에는 누구나 식곤증을 느낍니다. 그러므로 이런 때는 공

사진 145.
운동은 식사를 마치고 1시간 정도 지난 후에 하는 것이 좋습니다.

부 효과도 좋지 않습니다. 그 이유는 소화기관으로 혈액이 많이 몰려감에 따라 뇌로 가야할 혈액의 양이 감소한 탓입니다.

질문 146. 달리기(조깅)와 걷기 운동은 왜 건강에 좋습니까?

공원에 가보면 수많은 사람이 조깅을 하거나 걷기를 하고 있는 것을 봅니다. 의사는 운동이 부족하다고 판단되는 사람이 있으면, 조깅과 걷기 또는 줄넘기를 권합니다. 이런 운동은 건강한 몸을 만들고 지키는데 매우 효과적입니다.

1. 달리기 운동은 유산소운동이므로 심장과 폐를 튼튼히 해주고, 팔다리와 몸 전체의 관절과 근육이 적절히 활동하도록 해줍니다.

2. 자기가 할 수 있는 능력만큼 달리기 속도와 시간을 조절할 수 있습니다.

3. 같은 동작을 일정하게 반복하는 리드미컬(규칙적)한 운동이어서, 반복해도 근육과 뼈에 무리를 거의 주지 않습니다.

4. 운동하기 위해 특별한 장소나 기구나, 상대가 필요치 않으며, 비용이 들지 않습니다.

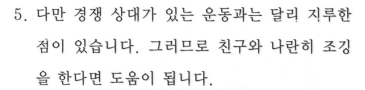

5. 다만 경쟁 상대가 있는 운동과는 달리 지루한 점이 있습니다. 그러므로 친구와 나란히 조깅을 한다면 도움이 됩니다.

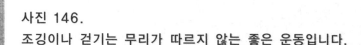

사진 146.
조깅이나 걷기는 무리가 따르지 않는 좋은 운동입니다.

질문 147. 수영할 때는 왜 뚱뚱한 사람이 유리합니까?

　다른 운동은 모두 육상에서 하지만, 수영은 물속에서 합니다. 육상과 수중은 운동하는 환경과 조건이 다릅니다. 물속에서는 부력의 작용으로 몸이 가벼워지며, 땀을 흘리지 않아도 체온이 조절됩니다. 또한 육상운동은 몸을 세운 상태로 하지만, 수영은 수평 자세로 합니다.

　키가 170cm인 두 사람의 체중이 각기 60kg이고 80kg이라고 합시다. 체중이 무거운 사람은 몸에 지방질(체지방)을 많이 가지고 있습니다. 인체의 근육이나 다른 조직은 비중이 물보다 조금 크므로 물속에 들어가면 가라앉습니다. 그러나 체지방은 비중이 물의 70% 정도여서 물속에서 둥둥 뜨게 됩니다.

　두 사람의 체중을 물속에서 잰다면, 60kg인 사람은 약 5.5kg이고, 80kg인 사람은 오히려 가벼운 약 3.8kg이 됩니다. 몸에 지방질이 많아 수중에서 오히려 1.7kg이나 가벼워진 이 사람은 무거운 사람보다 힘을 적게 들이고(에너지를 적게 사용하고) 수영할 수 있습니다.

　수영에는 몸이 뜨도록 하는 힘과 앞으로 나아가는 힘이 필요합니다. 뚱뚱한 사람은 뜨는데 필요한 에너지

사진 147.
뚱뚱한 사람은 지방질이 많아 물에 잘 뜨기 때문에 장거리 수영을 하기에 유리합니다.

를 적게 사용하지요. 물에 잘 뜨면 머리가 더 높이 유지되므로 호흡을 하는 데도 조금 유리합니다. 특히 장시간 수영해야 할 때는 체지방이 많은 것이 더욱 유리합니다. 그러므로 장거리 수영선수는 체중을 불린 상태로 도전하고 있습니다.

질문 148. 담배는 왜 피우며, 금연하기 어려워하는 이유는 무엇입니까?

콜럼버스가 남아메리카 대륙을 처음 발견했을 때, 그곳 원주민들이 담배를 피우고 있었습니다. 이후 담배는 유럽으로 전해지고, 16세기에는 일본에도 보급되었습니다. 우리나라에 담배가 들어온 것은 17세기였습니다. 당시에는 담배의 해로움을 알지 못하고 전국으로 보급되어 심지어 어린이들까지 피웠습니다.

오늘날에는 담배가 각종 암의 원인이 되고, 건강에 얼마나 나쁜지 잘 알려져 있습니다. 담배를 피워온 어른들은 금연하려고 애를 씁니다. 금연에 성공하려면 강한 결심과 인내심을 발휘해야 합니다.

담배가 해로운 데도 끊지 못하고 습관적으로 피우는 것은, 담배 속에 포함된 '니코틴'이라는 물질 때문입니다. 담배를 피우면 니코틴 성분이 폐를 통해 혈액으로 들어가 심장과 뇌에 갑니다. 니코틴은 다른 기관에도 나쁜 영향을 주지만, 뇌에 들어가면 뇌세포와 결합하게 되고, 이때부터 뇌는 니코틴이 계속 보충되기를 기다립니다.

만일 3~4시간 이상 니코틴이 공급되지 않으면, 뇌는 정신적인 고통을 느끼며 마음의 안정을 찾지 못합니다. 이러한 증세는 담배를 다시 피울 때까지 계속됩니다. 이런 현상을 '담배 중독' 이라 합니다.

담배는 구강암(후두암), 폐암, 기관지염, 방광암, 심장질환의 가장 큰 적입니다. 또한 담배는 화재의 큰 원인이며, 주변 사람에게도 건강에 피해를 줍니다. 담배 외에 술(알코올)과 마약도 습관성이 있어, 중독자가 끊으려 하면 고통을 호소합니다. 오래도록 담배를 피우다 금연에 성공한 사람은 모두 이렇게 말합니다. "담배를 끊은 것은 정말 잘한 일이었다."

사진 148.
담배 연기 속에 포함된 니코틴 성분은 인체에 여러 가지 나쁜 영향을 줍니다.

질문 149. 대기 중에 섞인 오존은 왜 위험하다고 생각합니까?

남극 상공의 오존층이 파괴되어 구멍이 뚫려 있다는 보도가 종종 나오고 있습니다. 남극 상공을 관찰하던 과학자들은 1980년대에 그곳의 성층권에 오존의 양이 절반으로 줄어든 부분이 생긴 것을 발견했습니다. 그것을 '오존 홀'(ozone hole)이라 하는데, 오존이 없는 구멍이란 뜻입니다. 오존 홀이 있으면 그 구멍으로 강력한 자외선이 지상에 도달하여 인간은 물론 모든 생물에게 치명적인 영향을 주게 됩니다. 자외선은 화학작용이 강하므로 예상치 못한 온갖 현상을 일으키게 됩니다.

남극 상공에 오존 홀이 생긴 원인은 인류가 사용한 여러 가지 화학물질이 성층권까지 올라가 그곳의 오존을 파괴한 때문이었습니다. 지난 20여 년 동안에 오존층의 오존 양은 약 10%가 감소했답니다. 오존층 파괴에 가장 영향을 준 화학물질은 프레온가스, 할론, 질소산화물 등입니다. 냉장고나 에어컨의 냉각제로 지난 날 오래도록 사용해온 프레온 가스는 오존 파괴 작용이 심하기 때문에, 오늘날에는 세계적으로 프레온가스 사용을 규제하고 있으며, 대신 다른 무해한 가스를 사용토록 하고 있습니다.

한편 자동차의 매연이라든가 공장 연기에 포함된 물질은 일반 산소에 영향을 주어 지상 가까운 대기 중에 오존이 생겨나게 합니다. 지난 20여 년 동안 대기 중의 오존 양은 약 7퍼센트 증가했다고 합니다. 오존이 많다는 것은 대기 오염이 심하다는 것을 증명하며, 오존이 많은 공기를 마시면 두통이 나고 쉽게 피곤해지며, 호흡기 질환이 생기거나 폐암의 원인이 될 수 있습니다.

사진 149.
대기 중에 오존이 많다는 것은 공장이나 자동차에서 배출된 오염가스가 많다는 것을 나타냅니다.

각 나라의 기상청에서는 자기나라의 오존층 상태를 늘 조사하여 그 정보를 캐나다에 있는 세계오존자료센터로 보냅니다. 이곳에서는 전 세계로부터 오존층에 대한 정보를 모아 분석하고 세계의 환경에 어떤 변화가 있는지 감시하고 있습니다.

질문 150. 이온음료란 어떤 것입니까?

우리 몸은 체중의 약 60%에 이르는 많은 양의 물을 가지고 있습니다. 몸 속의 물은 땀, 소변, 대변 등으로 배출되므로, 우리는 충분한 물을 계속 섭취해야 합니다. 인체의 수분(체액) 속에는 나트륨, 염소, 칼륨, 마그네슘, 철, 인 등의 무기물(염분)이 상당량 녹아 있습니다. 만일 땀을 너무 흘려 체내의 수분이 부족해지거나 염분의 양이 줄어들면 우리는 갈증을 느껴 물을 찾게 됩니다.

1965년에 미국의 한 과학자는 물에 나트륨 이온(Na^+)과 칼륨 이온(K^+), 그리고 당분을 일정한 비율로 혼합하여 마시면, 수분 공급이 잘 진행되므로, 땀을 많이 흘린 운동선수가 이런 물을 들이키면 탈수상태에서 빨리 회복된다는 주장을 했습니다. 2년 쯤 후 이 연구를 토대로 '게토레이'라는 음료수가 상품화되고, 세계로 퍼져 유명한 이온음료가 되었습니다. 현재는 온갖 상품명으로 여러 가지 이온음료가 판매되고 있지요.

소금을 물에 녹이면, 일부 소금은 나트륨 이온(Na^+)과 염소 이온(Cl^-)으로 됩니다. 나트륨 이온은 전자를 1개 잃어버린 상태이고, 염소 이온은 전자를 1개 더 얻은 상태입니다. 이런 이온 상태의 물질은 다른 분자와 쉽게 결합하는 성질이 있습니다. 인체의 체액은 전체가 이온수라고 할 수 있습니다.

　과거 우리 선조들은 더운 여름에 땀을 흘리며 일하고 나면, 우물에서 길어 올린 냉수에 간장을 조금 타서 마셨습니다. 간장을 넣은 물은 훌륭한 이온 음료이며, 갈증이 날 때는 맹물보다 더 맛있게 느껴집니다.

질문 151. 건강에 해롭다는 산성비는 왜 생기나요?

　비가 내리기만 하면 방송에서는 "산성비를 맞지 않도록 조심합시다."는 말을 들려줍니다. 빗물은 원래 화학적으로 중성이어야 합니다. 그러나 공업이 발달하면서 빗물은 점점 산성 빗물로 변하고 있습니다.

　공장에서 나오는 연기라든가 석유나 석탄을 태울 대 나오는 가스에는 일산화탄소, 이산화황(아황산가스), 산화질소와 같은 가스가 포함되어 있습니다. 이런 가스가 구름에 섞이면 물과 화합하여 황산이나 질산으로 변해 산성비를 만들게 됩니다. 그러므로 산성비는 대기오염이 심한 큰 도시나 공업단지 근처에 더 많이 내립니다.

　산성비가 강이나 호수에 고이면 그곳에 사는 식물이나 동물의 생존에 나쁜 영향을 줍니다. 산성비가 나뭇잎에 떨어지면 세포 성분을 파괴하는 피해를 주므로 탄소동화작용을 방해하고, 잎이 병들어 일찍 낙엽지게 합니다.

산성비를 심하게 맞은 식물은 여름부터 낙엽이 지고, 가을이 왔을 때는 단풍색이 곱지 못하며, 잎에 상처가 많습니다.

지하로 스며들어간 산성비는 토양 속의 동식물에도 피해를 줍니다. 그 물은 암석 속의 알루미늄을 녹여내고, 알루미늄은 수생생물에게 독소가 됩니다. 산성비는 탄산칼슘 성분을 녹이므로, 탄산칼슘이 주성분인 대리석으로 만든 건축물이나 조각품을 손상시킵니다. 산성비를 맞아 떨어진 나뭇잎에는 미생물도 살기 어려워, 그 낙엽은 잘 썩지 않고 오래 깔려 있지요.

산성비가 너무 심하게 되면 생물들이 살지 못할 지경이 됩니다. 때때로 자연적으로 산성비가 생겨나기도 합니다. 화산이 폭발하여 연기를 내뿜으면, 그 연기 속에는 아황산가스가 다량 포함되어 있어 산성비를 만들게 되지요.

산성비는 구름을 따라 멀리 이동하기 때문에 국제적인 문제입니다. 발전소나 공장, 자동차 등에서 황 성분을 제거한 청정연료를 사용하려 하는 것은 산성비를 줄이기 위한 노력의 하나입니다. 여러분은 건강을 위해 되도록이면 산성비를 맨몸으로 맞지 않도록 주의하기 바랍니다.

사진 151.
강한 산성비의 영향으로 나무들의 잎이 모두 떨어졌습니다.

질문 152. 환경호르몬이란 무엇이며, 인체에 어떤 해를 줍니까?

남자를 남성답게, 여자는 여성스럽게 만드는 호르몬을 각각 남성호르몬, 여성호르몬이라 하며, 이런 호르몬을 성호르몬이라 말합니다. 여성호르몬에는 '에스트로겐'과 '프로게스테론'이라는 두 종류가 있습니다. 여성호르몬은 사춘기가 되면서 여성의 몸에 생겨나 성인 여성이 되도록 합니다.

세계는 온갖 화학물질을 인공적으로 합성하여 대량 사용하고 있으며, 해마다 수만 종의 새로운 물질을 만들고 있답니다. 그러한 물질 중 100여 가지는 여성호르몬인 에스트로겐과 비슷한 작용을 하는 성질을 가졌습니다. 대표적인 물질로는 살충제로 사용했던 DDT, 몇 가지 농약, 플라스틱 제품에 포함된 DES, 화학제품인 다이옥신, PCB 등입니다.

에스트로겐과 비슷한 성질을 나타내는 이러한 화학물질을 환경호르몬이라 부릅니다. 이들은 전 세계의 토양과 물을 오염시키고 있으며, 식수나 음식물을 통해 우리 몸으로 섭취되고 있습니다. 만일 어린 시절에 이런 환경호르몬에 심하게 오염된다면, 남성이든 여성이든 불임이 되기 쉬우며, 생식기가 정상적으로 자라지 못하거나, 암이 발생하기도 합니다.

환경호르몬을 예방하기 위해 각 나라는 그러한 물질 생산을 금하기도 하고, 쓰레기를 분리수거하여 오염을 막기도 합니다. 사람들은 플라스틱 그릇 대신 유리나 도자기를 이용토록 하며, 아기의 젖병도 유리병을 사용한답니다. 왜냐하면 플라스틱에서 환경호르몬이 녹아나올 염려가 있기 때문입니다. 또한 플라스틱으로 음식을 싸거나 담지 않도록 노력하며, 야채나 과일은 충분히 씻어 먹도록 하고 있습니다.

　환경호르몬은 인간에게만 피해를 주는 것이 아니라 하등동물에서 고등동물까지 악영향을 줍니다. 예를 들어 악어나 물고기의 경우 환경호르몬의 영향으로 수컷의 수가 줄어들고, 기형 동물이 많아진 보고가 수시로 나오고 있습니다.

질문 153. 황사는 인체에 어떤 위험이 있나요?

　봄철에 주로 부는 황사를 사람들은 '봄의 불청객'이라 하며 싫어합니다. 황사가 심하면 사람들은 외출을 삼가하고 마스크를 쓰기도 합니다. 황사는 화창해야 할 봄날의 좋은 날씨를 먼지로 뒤덮어버립니다.

　황사가 날려 오면 식물의 잎은 숨구멍이 막혀 탄소동화작용에 지장을 받고, 사람들은 호흡기 질환과 결막염 같은 눈병을 얻기도 하지요.

　중국 북부와 몽골지방은 사막지대입니다. 타클라마칸 사막, 고비사막, 황허강(黃河江) 상류, 아라산 사막 등이 있는 이 지역에 폭풍과 같은 강한 바람이 불면 대규모로 미세한 흙먼지가 일어 하늘을 덮게 됩니다. 이런 먼지가 편서풍(봄철에 서쪽에서 동쪽으로 부는 바람)에 실려 우리나라까지, 심할 때는 일본까지 날려 온 것이 황사입니다. 오늘날에는 황사를 일기예보로 알려주고 있습니다.

　황사는 매우 오래된 기상현상입니다. 황사가 우리나라에 날려 오는 계절은 3월에서 5월 사이인데, 4월에 많습니다. 황사가 심한 날은 하늘이 뿌옇고, 구름이 없는 날인데도 태양이 희미하게 보입니다.

우리나라까지 오는 황사의 먼지 크기는 1~10마이크론(1마이크론은 1,000분의 1 밀리미터) 정도로 아주 미세합니다. 이런 작은 흙 입자가 정밀기계나 전자장치에 들어가면 손상을 줄 수 있습니다. 많은 가정에서는 황사가 올 때 공기청정기를 가동하기도 합니다.

황사가 날려 와 한반도 표면을 덮는 양은 적을 때는 약 200만 톤, 많을 때는 500만 톤 정도라고 합니다. 황사가 심한 날, 자동차를 보면 뿌옇게 흙먼지로 덮여 있습니다. 황사 속에는 석회 성분(알칼리성 물질)이 다량 포함되어 있어, 이 먼지가 산성비 속으로 들어가면 조금이나마 중화시키는 작용을 합니다. 동시에 이 먼지가 논밭에 떨어지면 산성화된 토양을 중화시켜주는 토양비료 역할을 하기도 합니다.

사진 154.
중국 대륙의 사막에 바람이 불어 생겨난 먼지가 우리나라 쪽으로 날아온 것을 황사라 합니다.

질문 154. 조류 인플루엔자란 무엇입니까?

독감이 전 세계적으로 유행하여 많은 사람이 죽기까지 하는 경우가 있습니다. 가까운 예로 1918년에 유행한 스페인 독감과 1968년의 홍콩 독감이 있습니다. 이때의 독감은 원인이 되는 바이러스가 조류의 바이러스였다고 추측하고 있습니다.

집에서 기르는 닭이나 오리를 비롯하여 야생 조류가 걸리는 바이러스 병을 조류 인플루엔자라고 합니다.

질문 155. 암은 왜 발생합니까?

피부에 상처를 입어 살점이 떨어져 나가면, 그 상처 주변의 세포는 세포분열을 시작하여 새로 피부를 만들게 됩니다. 그런데 상처가 본래의 모습으로 회복되면 세포분열은 중단됩니다. 만일 이런 일이 제대로 일어나지 않고 상처조직에서 세포분열이 계속된다면 그 자리에는 혹이 생겨나게 될 것입니다. 다행스럽게도 우리의 몸은 본래의 모습이 되면 더 이상 세포분열이 일어나지 않습니다.

그러나 어떤 이유인지, 인체 조직의 일부 세포가 비정상적으로 불어나기를 계속하여 커다란 덩어리를 만든다면, 그것이 암이 됩니다. 암 조직은 주변의 건강한 조직을 파괴하거나 나쁜 영향을 줍니다. 암조직에서 분리되어 나온 작은 암세포는 혈관을 따라 다른 곳으로 이동하여 암을 만들기도 합니다. 이런 경우 우리는 "암이 전이되었다."고 말합니다.

암은 발생 장소나 성격에 따라 위암, 폐암, 뇌암(뇌종양), 대장암, 혈액암 등 각기 다른 이름을 붙입니다. 암 세포가 생겨나는 원인은 화학물질, 방사선, 담배, 알코올, 바이러스 등이 세포의 유전자에 나쁜 영향을 주어 변화시킨 때문이라고 생각하고 있습니다. 암이 발생하는 원인이라든지, 새로운 치료법 등에 대한 뉴스가 거의 매일 보도되고 있습니다만, 암을 완전히 정복할 수 있는 날은 아직도 예측할 수 없습니다.

질문 156. 암은 어떤 방법으로 치료합니까?

암 치료법에는 크게 화학치료, 수술치료, 방사선치료 3가지가 있습니다. 화학치료법은 암세포를 죽일 수 있는 약품을 주사하거나 먹거나 하는 것입니다. 두 번째 수술 치료법은 암 조직을 수술로 제거하는 방법입니다. 세 번째 방사선치료는 암 조직에 방사선을 쪼여 암세포가 죽도록 하는 것입니다.

일반적으로 암을 치료할 때는 위의 3가지 방법을 모두 사용하는 경우가 대부분입니다. 암 치료를 받는 사람은 거의가 부작용으로 음식을 먹지 못하는 등 고통을 받으며, 머리카락이 빠지기도 합니다. 이러한 현상은 약품이라든지 방사선이 암 조직만 아니라 주변의 다른 정상 조직에도 영향을 주기 때문입니다.

　암은 일찍 발견하기만 하면 거의 완쾌될 수 있습니다. 정기적으로 건강진단을 하여 암과 다른 질병을 미리 찾아내어 치료하는 것은 일생 동안 자신의 건강을 잘 지키는 중요한 방법입니다.

질문 157. 병을 일으키는 바이러스는 어떤 생물인가요?

　일반적으로 박테리아라고 부르는 단세포 생물에는 수없이 많은 종류가 있습니다. 이들 박테리아 중에 병의 원인이 되는 종류를 특별히 '병원 박테리아'라 부릅니다.

　소아마비, 천연두, 뇌염, 독감, 광견병, 에이즈 등은 수천 년 전에도 있었던 전염병입니다. 그러나 이런 병의 원인이 바이러스라는 것을 알게 된 것은 20세기 이후입니다. 바이러스의 존재를 알지 못했던 것은 그들이 너무 작아 현미경으로도 볼 수 없었기 때문입니다. 바이러스를 눈으로 확인하게 된 것은 수만 배로 확대하여 보는 전자현미경을 발명한 이후였습니다.

　미국의 과학자 웬델 스탠리는 담배 잎에 병을 일으키는 세균을 찾던 중, 1935년에 전자현미경을 사용하여 세균과는 전혀 다른 모양의 바이러스를 처음으로 발견했습니다. 바이러스는 종류가 많으며, 동물만 아니라 식물, 심지어 박테리아의 몸속에도 기생하는 지극히 작은 존재입니다. 바이러스를 연구하는 과학자들은 바이러스를 생물이라고 말하지 않고, 생물과 무생물

중간이라고 생각합니다.

  인터넷을 통해 컴퓨터에 전염되어 이상을 일으키는 악성 프로그램을 '컴퓨터 바이러스'라고 부르지요. 컴퓨터 바이러스가 침입하는 것을 막아주는 프로그램을 '바이러스 백신'이라 부르는 것은 인체와 가축, 농작물 등에 병을 일으키는 바이러스 연구에서 따온 생명과학 용어입니다.

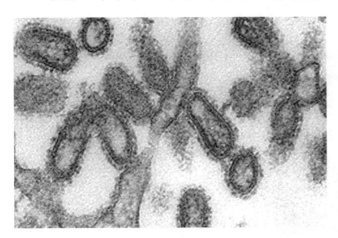

사진 157.
독감 바이러스를 전자현미경으로
본 모습입니다.

질문 158. 3대영양소 중에 탄수화물은 어떤 것입니까?

  한국인의 주식인 쌀을 비롯하여 밀, 옥수수, 감자, 고구마, 밤 등의 주성분은 탄수화물입니다. 탄수화물은 물에 녹을 수 있는 것과 녹지 않는 것 두 가지로 나눌 수 있습니다. 설탕이라든가 엿, 과일즙, 꿀 등의 달콤한 맛은 물에 녹는 탄수화물입니다. 쌀, 밀, 옥수수, 감자의 탄수화물은 물에 녹지 않으며, 이들을 '전분'이라 부릅니다.

  물에 녹지 않는 탄수화물일지라도 위에 들어가 소화가 되면 모두 물에 녹는 탄수화물인 포도당으로 변합니다. 포도당은 작은 분자이기 때문에 혈관 속으로 쉽게 들어가 온 몸으로 전달되어 생명 활동에 필요한 에너지가 됩니다. 쇠약한 환자에게 포도당 주사를 놓는 것은 혈관 속으로 영양분(연료)을 직접 공급하여 빨리 에너지로 사용하도록 하기 위한 것입니다.

만약 혈액 속에 사용하고 남을 정도의 포도당이 있으면, 이것은 '글리코겐'이라는 물질로 변하여 간에 저장된답니다. 글리코겐은 필요할 때 다시 포도당이 될 수 있으며, 단백질이나 지방질로도 변화될 수 있습니다.

사진158.
감자, 고구마, 쌀, 밀은 탄수화물이 주 성분입니다.

질문 159. 단백질은 어떤 역할을 하는 영양소입니까?

인체의 근육과 몸 성분은 주로 단백질로 이루어져 있습니다. 그러므로 단백질은 인간만 아니라 모든 동물이 자라는데 반드시 필요한 영양소입니다.

단백질은 생선의 살, 동물의 살코기, 계란, 치즈, 우유, 콩 등에 많이 포함
되어 있습니다.

　단백질을 먹으면 위 안에서 작은 분자로 분해되는데, 이들을 '아미노산'
이라 합니다. 아미노산에는 약 20가지가 있습니다. 아미노산도 혈액을 따라
온 몸의 세포에 전달되며, 필요할 때 이들은 결합하여 다시 단백질이 됩니

다. 단백질은 몸을 구성하는 성분
이지만, 몸에 탄수화물이나 지방질
이 부족하면 에너지도 된답니다.

사진 159.
쇠고기, 계란 등에는 단백질이 많이 포
함되어 있습니다.

질문 160. 동물성 지방과 식물성 지방은 어떤 차이가 있습니까?

　지방(질)은 동물의 기름, 버터, 땅콩, 식용유 등에 다량 포함된 중요한 영
양소입니다. 지방은 피부 밑 세포에 저장되어 피부를 탄력있게 해주는 동시
에 추위도 차단해줍니다. 피부의 지방층이 얇으면 추위를 참기 어렵지요.
인체는 영양분이 부족하면 저장되어 있는 지방질을 분해하여 에너지로 사용

합니다.

　지방질은 분자의 모양에 따라 포화지방과 불포화지방 두 가지로 크게 나눕니다. 포화지방은 주로 동물의 기름진 살코기, 버터, 돼지기름 등에 많습니다. 따라서 이들을 동물성 지방이라 부르기도 합니다.

　불포화지방은 생선과 식물의 기름이나 열매 속에 포함되어 있습니다. 식물에서 추출한 지방질을 '식물성 지방'이라 부르는데, 동물성지방이든 식물성지방이든 우리 몸에 모두 필요한 영양소입니다. 인체는 적당한 양의 지방질을 섭취해야 건강합니다. 그러나 지방질을 지나치게 많이 섭취하면 피부 아래에 저장되어 비만한 몸이 되지요. 뚱뚱한 몸은 동작이 불편하고 여러 가지 병에 걸릴 위험이 많습니다.

질문 161. 비타민은 매일 먹어야 하나요?

　비타민은 몸속에서 없어서는 안 되는 매우 중요한 작용을 하기 때문에 필수영양소에 포함됩니다. 필수영양소란 인체가 정상적으로 활동하는데 꼭 필요한 탄수화물, 지방질, 단백질, 무기질(미네랄) 그리고 비타민을 말하며, 이들을 '5대 영양소'라 합니다.

　비타민은 3대 영양소라 부르는 탄수화물, 지방질, 단백질과는 달리 몸을 구성하지는 않습니다. 비타민은 몸 안에서는 만들어질(합성) 수 없어 필요한 양을 반드시 외부(음식 등)로부터 섭취해야 합니다.

비타민은 A, B, C, D 등 지금까지 20여 종류 알려져 있으며, 각 비타민은 아주 작은 양이지만 몸에서 일어나는 물질대사(화학변화)를 지배하고 조절하는 작용을 합니다. 세포 속에서 역할이 끝난 비타민은 소변으로 배설됩니다. 그러므로 우리는 필요한 비타민을 끊임없이 음식을 통해 먹어야 하지요.

비타민을 필요 이상 먹으면 나머지는 소변으로 배출됩니다. 그러나 모자라면 비타민 부족 현상을 일으킵니다. 약국에서 파는 종합비타민은 사람에게 필요한

비타민을 모두 조합하여 만들고 있습니다. 영양분을 골고루 섭취하지 못하는 사람은 적당량의 종합비타민을 먹는 것이 건강에 도움이 됩니다.

사진 161. 과일 속에는 비타민이 많이 포함되어 있습니다.

질문 162. 식중독은 왜 일어납니까?

오염된 음식을 먹어 식중독이 발생하면 심한 복통이 일어나고, 설사와 구토가 나며, 식은땀을 흘리기도 하고, 피부에 붉은 반점이 솟아나는 알러지 현상도 나타납니다. 식중독은 위와 장에 해로운 물질이 들어온 것을 알고 몸 밖으로 급히 배출하는 인체의 방어 작용 가운데 하나입니다.

식중독은 대부분 부패한 동물의 살코기나 생선, 조개, 굴, 우유 등을 먹은

후에 나타납니다. 그러므로 식중독은 겨울보다 음식이 잘 변하는 여름에 흔히 발생합니다. 음식이 부패한다는 것은 그 속에 인체에 해로운 세균이 대량 번식한 것입니다. 세균이 음식물을 분해하면 인체에 해로운 독소가 생겨납니다.

 그 외 독버섯이나 복어, 독초를 먹어도 식중독이 발생합니다. 어떤 사람은 방부제가 든 음식을 먹어도 식중독 증세를 나타냅니다. 인체는 소량의 독소는 스스로 청소하지만, 그 양이 많으면 거부반응을 일으킵니다. 그러므로 설사와 구토가 날 때는 모두 배출하도록 하는 것이 좋습니다. 만일 식중독의 독소를 몸에 그대로 둔다면 생명을 잃게 됩니다. 그러므로 식중독 증세가 심하면 반드시 의사의 치료를 받아야 합니다.

질문 163. 음식과 함께 몸 안에 들어간 세균은 병을 일으키지 않나요?

 공기 중이나 음식에는 수없이 많은 세균이 섞여 있습니다. 이들은 숨을 쉴 때는 호흡기관으로, 음식을 먹을 때는 위 안으로 들어갑니다. 그러나 거의 모든 세균은 위에 들어가면 곧 죽어버립니다. 호흡기 속으로 들어간 세균은 점막에 포함된 살균력을 가진 물질에 의해 죽고, 위로 들어간 세균은 소화액인 염산에 분해되어 버립니다.

 위에서 분비되는 염산 속에서 살아남을 생물은 회충과 같은 기생충을 제외하고 어떤 것도 없습니다. 만일 위액을 손수건에 묻힌다면 구멍이 날 정

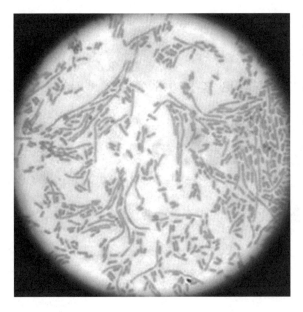

도이니까요. 위액이 이렇게 강한 산성물질인데도 위벽은 녹아내리지 않습니다. 그 이유는 위 벽의 표면을 위산에 강한 보호막이 덮고 있기 때문입니다.

사진 163.
박테리아는 현미경으로 1,000배 정도 확대해보야아 형태를 알 수 있습니다.

질문 164. 회충이 사람의 위장 속에서 죽지 않고 살 수 있는 이유는 무엇입니까?

기생충약이 보급되지 않았던 지난날에는 거의 모든 사람이 몸 안에 기생충을 가지고 있었습니다. 기생충이 많은 어린이는 영양분을 빼앗기기 때문에 혈색이 나쁘고 성장에도 지장이 있었으며, 늘 복통을 앓아야 했습니다.

기생충 약을 사용하게 된 오늘날에는 기생충을 가진 어린이가 1,000명에 1사람이 발견될 정도로 드물어졌습니다. 기생충의 대표인 회충은 완전히 자라면 길이가 30cm에 이르며, 수백 마리를 몸 안에 가진 경우도 있습니다.

강한 염산이 분비되는 위에서도 회충이 죽지 않고 살아남는 것은, 그들의 피부에서 소화액인 염산으로부터 보호하는 물질을 분비하기 때문입니다. 이 것은 위벽이 위산에 상하지 않는 이유와 같습니다. 이런 기생충도 구충제를 먹으면 위나 장에서 죽게 되고, 죽으면 곧바로 염산이나 소화액에 분해되어 버리고 맙니다.

　과거에는 채소를 날것으로 먹을 때, 거기에 묻은 기생충의 알이 입으로 들 어가 감염되는 경우가 많았습니다. 그러나 오늘날에는 채소밭에 인분을 사 용하지 않기 때문에 채소에서 기생충 알을 거의 찾아낼 수 없습니다.

제8장
유전과 건강 생활

질문 165. 사람은 왜 인종에 따라 피부색이 다른가요?

　우리는 피부색에 따라 백인종, 흑인종, 황인종 등으로 나누기도 합니다. 우리나라를 비롯한 동양인은 거의 황인종이고, 아프리카 사람은 흑인종이며, 유럽인은 대개 백인종입니다.

　인종의 색은 그 사람이 어느 나라에 현재 살고 있는가에 따라 나타나는 것이 아니고, 그 사람의 조상이 어디에 살았는가에 달렸습니다. 즉 미국에 사는 흑인은 그들의 조상이 아프리카인이었기 때문에 검은 피부를 가지고 있습니다.

　피부의 색이 서로 다른 것은, 피부 세포에 포함된 '멜라닌'이라는 색소의 양이 많고 적은 결과입니다. 멜라닌 색소가 많을수록 피부는 검은색을 띠게 됩니다.

　사람들 중에는 피부에 멜라닌 색소가 전혀 없어 창백하게 보이는 사람이 있습니다. 이런 사람은 동공에도 색소가 없기 때문에 붉게 보이는데, 이 색은 안구 속의 혈관에서 나오는 것입니다. 색소가 없

사진165.
각 사람의 피부색은 그의 조상이 어디에 살았던가에 달렸습니다.

는 사람을 '알비노'라 부르며, 알비노인 사람은 어린이라도 흰색의 머리카락을 가지게 됩니다. 알비노는 인간만 아니라 여러 동물에서도 가끔 나타납니다.

질문 166. 아프리카인은 왜 흑인이 되고, 유럽인은 백인이 되었을까요?

인간을 제외한 다른 포유동물들은 털이 피부를 덮고 있습니다. 그러므로 동물들의 피부 털은 자외선을 자연스럽게 막아주고 있습니다. 인류의 조상도 털을 가지고 있었을 것입니다. 그러나 인류는 진화해오면서 피부의 털이 거의 없어지게 되었습니다.

인류가 처음 탄생한 곳은 아프리카였다고 과학자들은 생각합니다. 아프리카의 원시 인류는 털이 적었으므로, 강열한 자외선 밑에서 살아남으려면 멜라닌 색소가 많은 검은 피부가 유리했습니다.

아프리카의 인류 조상 가운데 일부는 차츰 유럽과 아시아 대륙으로 퍼져 갔습니다. 유럽 땅은 아프리카보다 햇볕이 약하고 또 기온도 추웠습니다. 자외선은 사람에게 나쁘기만 한 것은 아닙니다. 소량의 자외선은 몸을 튼튼히 해주고 뼈를 강하게 해주는 아주 중요한 작용을 해줍니다. 피부에 쪼인 자외선은 비타민D를 만드는 역할도 하지요. 만일 비타민D가 부족한 어린이가 있다면, 그는 '구루병'에 걸려 뼈가 무르고 휘어지며, 쉽게 부러지게 되지요.

위도가 높은 북쪽 대륙에서 살게 된 그들은, 자외선이 약한 겨울철에는 멜라닌 색소를 오히려 줄이는 것이 생존에 유리했습니다. 그 결과 유럽에 살게된 인류는 차츰 백인이 되었다고 생각하고 있습니다.

사는 곳에 따라 사람들의 피부색은 상당히 차이가 있습니다. 가장 흰 피부를 가진 인종은 유럽 북쪽 스칸디나비아 사람들이고, 가장 검은 인종은 아프리카와 오스트레일리아 원주민입니다. 오늘날에는 인종이 서로 섞여 살게 되면서 피부색의 농도가 매우 다양해졌습니다. 인류의 진화와 이동 경로, 인종 등에 관련된 지식은 아직 불확실한 것이 많습니다.

질문 167. 나이가 많아지면 왜 머리카락이 백발이 되나요?

우리의 피부와 눈 그리고 머리카락에는 '멜라닌'이라 부르는 색소가 들어 있습니다. 멜라닌은 피부세포의 일종인 '멜라닌세포'에서 만들어집니다. 피부 세포 10개 중 1개꼴로 멜라닌세포가 섞여 있답니다. 다른 피부세포는 모양이 둥근데, 멜라닌세포는 문어발 모양입니다. 멜라닌은 멜라닌세포에서 나와 다른 피부세포로 이동합니다.

머리카락을 비롯한 털은 피부 아래에 묻혀있는 모낭(毛囊)이라는 피부세포에서 자라나옵니다. 여기서 멜라닌은 털 속으로도 들어가 검은 색이 되도록 합니다. 만일 모낭으로부터 멜라닌이 공급되지 않으면 털은 검은색이 없어져 백발이 됩니다.

흰 머리카락이 되는 이유는 두 가지가 있습니다. 하나는 멜라닌세포에서 멜라닌이 만들어지지 않는 경우이고, 다른 하나는 멜라닌세포의 촉수(문어발) 길이가 짧아져 다른 피부세포까지 도달하지 못해 색소를 보낼 수 없게 된 때문입니다.

나이가 들면 멜라닌을 생산하는 양이 줄어듭니다. 그럴 때는 머리카락의 일부는 흰색이고 일부는 검정색이 됩니다. 그러다가 색소 생산 능력이 더욱 없어지면 완전히 백발이 되지요.

멜라닌이 없는 머리카락은 왜 흰색으로 될까요? 그것은 머리카락의 주성분인 케라틴이 본래 흰색인 때문입니다. 가끔 회색 머리카락을 가진 사람도 있습니다. 그런 모발색은 흰머리와 검은 머리가 섞여있기 때문에 회색으로 보이는 것입니다.

어떤 사람은 젊은 나이에 흰머리가 납니다. 반면에 나이 많아도 검은색을 가지고 있기도 합니다. 나이가 많아지면 왜 멜라닌세포의 기능이 사라지는지 그 이유는 아직 모른답니다. 그런데 어떤 병을 앓고 나거나 영양 결핍, 비타민 B-12의 부족이 흰머리가 나게 할 수도 있습니다. 이럴 경우 상태가 회복되면 다시 검은 머리가 자라나 오기도 합니다.

사진 167.
흰 머리카락은 노인의 상징입니다. 사람에 따라 젊은 나이에 흰머리가 많이 나기도 합니다.

질문 168. 사람은 왜 모두 서로 다른 모습과 성격을 가지고 있는가요?

세상에는 같은 모습을 가진 사람이 하나도 없습니다. 일란성 쌍둥이 일지라도 어딘가 조금은 차이가 있습니다. 사람은 서로 외모만 다른 것이 아닙니다. 목소리, 걸음걸이, 성격, 어느 것 하나도 같지 않습니다.

이런 차이는 사람에게만 있는 것이 아니랍니다. 한 나무에 매달린 수많은 나뭇잎을 보아도 모양이 같은 것을 찾을 수 없습니다. 현미경으로 보아야 하는 작은 미생물일지라도 서로 다른 형태를 가지고 있습니다. 과학자들은 하늘에서 무수히 내리는 눈의 결정 모양도 제마다 다르다고 합니다.

인간의 얼굴 모양, 키, 머리카락 색, 피부 색, 눈동자의 색, 목소리, 성격, 표정, 이 모든 것이 서로 다르게 되는 이유는, 부모에게 물려받은 세포 속의 유전자가 사람마다 다르기 때문입니다.

우리의 각 세포에는 23쌍(46개)의 염색체가 들어 있습니다. 이 염색체는 아버지로부터 23개, 어머니로부터 23개를 받은 것입니다. 이들 염색체 속에는 우리를 독특한 모습(형질)으로 정해주는 수천 개의 유전자가 들어 있습니다. 수많은 유전자가 서로 섞이다보면 수백억의 사람이 태어나도 누구 한 사람 같은 유전자를 가질 확률이 거의 없습니다.

자신의 뇌세포 유전자와 간세포나 발가락세포의 유전자는 모두 같습니다만 그 세포가 어떤 조직을 구성하고 있는가에 따라 하는 일은 달라집니다. 이런 기능을 결정하는 것도 유전자가 하는 신비스런 일입니다.

똑같은 모습으로 태어나는 일란성 쌍생아는 두 사람의 유전자가 같습니다. 그렇지만 그들이 자라면서 섭취하는 영양이라든가 생활 장소, 생활 방법, 건강 상태 등에 따라 조금은 차이가 생깁니다. 이런 차이는 후천적인 것이지요.

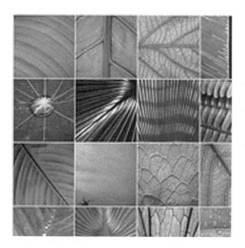

만일 어떤 과학자가 특수한 방법으로 유전자가 똑같은 사람을 태어나게 한다면, 그는 '복제인간'을 만든 것입니다. 오늘날 과학자의 윤리는 복제인간을 만드는 연구를 금지하고 있습니다.

사진 168.
식물의 잎은 어느 것 하나도 같은 모양을 찾을 수 없습니다.

질문 169. 왜 왼손잡이와 오른손잡이가 있나요?

뇌의 왼쪽 절반은 신체의 오른쪽 부분을 지배하고, 오른쪽 뇌는 몸의 왼쪽 부분을 조정하고 있습니다. 그리고 자기가 왼손잡이가 될 것인지 오른손잡이가 될 것인지 결정하는 것은 뇌랍니다. 평소 어느 쪽의 뇌가 강력하게 활동하는가에 따라 잘 쓰는 손과 발이 결정되는 것입니다.

대부분의 남자(약 90%)는 왼쪽 뇌가 강하여 오른손잡이, 오른발잡이가 됩니다. 여자는 남자보다 오른손잡이가 조금 더 많게 나타납니다. 왜 왼쪽 뇌가 강한 사람이 많은지 그 이유는 과학자들도 알지 못합니다. 그런데 왼손 잡이와 오른손잡이가 완전히 구분되는 것도 아니랍니다. 어떤 사람은 글쓰 기는 오른손으로, 망치질이나 가위질은 왼손으로 하는가 하면, 양손을 서로 비슷하게 쓰는 사람도 있습니다. 또 오른손잡이일지라도 왼손 사용을 계속 하면 왼손을 잘 쓸 수 있게 됩니다. 사람들 중에는 왼손잡이이면서 글씨는 오른손으로 쓰는 분이 많으니까요.

질문 170. 머리카락은 왜 곧은 머리카락도 있고, 곱슬머리도 있나요?

원시시대의 인간은 지금보다 훨씬 많은 털을 온 몸에 가지고 있었습니다. 그러나 현재의 인류는 잔털은 다소 있지만, 굵은 털은 머리와 몸 일부에만 몇 곳에 가지고 있습니다. 머리카락의 털은 뜨거운 태양과 추운 기온을 막 아주고, 속눈썹은 먼지를 가려주고, 눈썹은 땀이 눈으로 흘러내리는 것을 차단합니다.

털은 모낭(毛囊 : 털주머니)이라 부르는 작은 구멍에서 자라나옵니 다. 모낭은 모양과 크기가 발생하

사진 170.
흑인종의 머리카락은 심한 곱슬머리입 니다.

는 위치에 따라, 그리고 사람에 따라 다르답니다. 털의 모양은 모낭이 어떻게 생겼는가에 따라 차이가 생깁니다. 모낭이 크면 굵은 털이 나고, 작으면 가느다란 것이 자라나오지요. 또 모낭의 모양이 동그라면 곧은 머리카락이, 땅콩을 세운 것 같은 타원형이면 물결 모양의 머리카락이, 아래로 납작한 타원형이면 곱슬곱슬한 머리카락이 자라나옵니다.

질문 171. 대머리가 되는 이유는 무엇인가요?

나이를 먹어 가면 머리카락의 수가 줄어듭니다. 특히 남성은 심한 대머리가 되기도 합니다. 머리카락이 자라나오는 모낭이 쪼그라들면, 처음에는 가느다란 머리카락이 짧게 자라다가, 차츰 아예 자라나지 못하고 맙니다. 나이가 들면서 모낭에 변화가 생기는 것은 어떤 호르몬과 관계가 있다고 생각할 뿐, 확실한 원인은 아직 모릅니다.

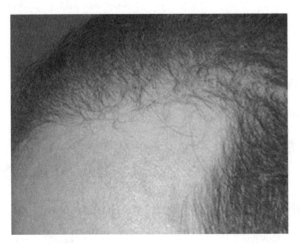

대머리는 유전성이 있습니다. 그러므로 아버지가 대머리이면 그 아들도 대머리가 될 가능성이 많습니다. 가끔 심한 스트레스를 받거나

사진 171.
대머리는 남성에게만 나타나며, 일반적으로 유전성이 강합니다.

했을 때, 머리의 일부에서만 둥그렇게 머리털이 빠지는 경우가 있습니다. 이런 탈모현상은 '원형탈모'라고 부릅니다. 원형탈모는 몇 달 지나면 다시 회복되지요.

　암 환자가 항암치료를 받느라 약을 복용하고 나면, 모낭세포가 영향을 받아 머리카락이 빠집니다. 그러나 항암치료가 끝나 모낭세포가 회복되면 머리카락도 다시 자랍니다.

질문 172. 사람은 왜 병에 걸리나요?

모든 사람이 말합니다.

　　　　　"가장 큰 행복은 건강한 것이다."
　　　　　"건강은 건강할 때 지켜야 한다."

　사람이 병을 갖게 되는 것은 태어날 때부터 병의 원인을 내부에 가지고 있었거나, 출생 후에 외부의 원인으로 생긴다고 할 수 있습니다.

　출생 때부터 유전적인 병을 가진 사람이 많습니다. 그러나 대부분의 병은 살아가는 동안 외부적인 이유로 발생합니다. 오염된 환경이 병의 원인이 되기도 하고, 영양 부족이나 세균 침입으로 발병하거나, 안전사고를 당하여 병을 갖게 되기도 하지요.

　외부적인 원인의 으뜸은 병균에 감염되는 것입니다. 우리 주변은 공기 중이나 물이나 흙 속 어디나 미생물로 가득합니다. 미생물이란 박테리아(세균), 바이러스, 곰팡이 모두를 포함합니다. 대부분의 미생물은 인체에 아무런 해가 없으며, 오히려 큰 도움을 줍니다. 치즈, 요구르트, 된장, 간장, 김치, 술 등은 세균의 도움으로 맛있는 음식이 된 것입니다.

콩 종류의 뿌리에 기생하는 박테리아는 질소비료를 만들어줍니다. 어떤 박테리아는 죽은 동식물을 부패시켜 식물이 이용할 수 있는 비료로 만들어줍니다. 그러나 일부 세균은 인체에 침입하여 병을 일으킵니다.

우리 몸은 온갖 병균으로 둘러싸여 있습니다만, 병이 잘 발생치 않는 것은 피부가 훌륭하게 보호해주고 있기 때문입니다. 만일 피부에 상처가 난다면, 그 상처를 통해 세균이 몸 안으로 쉽게 침범할 수 있습니다. 세균은 상처 외에 입이나 코를 통해서도 들어옵니다. 그러나 몸에서 분비되는 항생력을 가진 화학물질이 대부분의 세균을 죽입니다.

때로는 세균이 몸 안 세포까지 들어와 불어나기도 합니다. 이런 때는 '면역반응' 이라는 몸의 방어활동이 일어나 병균을 퇴치합니다. 대표적인 면역작용을 하는 백혈구는 항체라는 것을 생산하여 병균을 죽입니다.

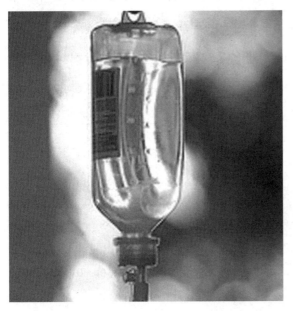

사진 172.
링거액에는 영양분과 치료약이 들어 있습니다.

질문 173. 아프면 왜 몸에서 열이 날까요?

몸이 아파 병원에 가면 의사는 반드시 체온을 잽니다. 체온이 높으면 몸에 어떤 병이 생긴 것이 확실합니다. 체온은 평소 섭씨 37도 근처입니다. 그러나 그보다 높다면, 어떤 병균과 싸우는 방어활동이 일어나고 있다는 증거입니다.

체온이 높으면 병균을 퇴치하기 더 쉽습니다. 그러므로 감기가 들거나 기타 세균 감염에 의한 병으로 열이 높아졌다면, "지금 내 몸에서 병균과의 전쟁이 한창 일어나고 있구나!"하고 생각하면 됩니다. 그러므로 열이 난다고 무조건 해열제를 먹는다면, 오히려 회복되는데 시간이 더 많이 걸릴 수도 있습니다.

그러나 체온이 섭씨 39도 이상이 되면, 의사의 도움을 받도록 합니다. 체온이 너무 높으면, 세균과의 전쟁에 이기지 못하고 있는 것입니다. 고온이 되면 의식을 잃을 지경이 되며, 스스로 체온을 내릴 능력도 없어집니다. 이때는 의사의 도움으로 약이나, 다른 방법(얼음 수건으로 몸을 닦아주는 등)으로 체온을 내려주면서 치료해야 합니다.

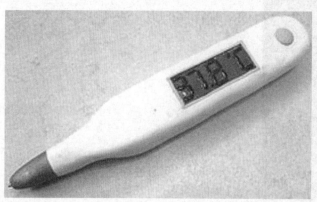

사진 173.
체온이 오르면 몸에 이상이 생긴 증거입니다.

질문 174. 머리가 아파 두통약을 먹으면 왜 낫게 됩니까?

두통이나 치통이 심할 때, 또는 삔 자리가 아파 걷기 어려울 때, 우리는 아스피린과 같은 약(진통제)을 먹어 아픔을 줄이고 있습니다. 통증이 사라지면 우리는 그 약이 아픈 장소로 가서 치료를 해버린 것이라고 생각합니다. 그러나 사실은 그렇지 않습니다.

우리 몸 어딘가에(뇌 또는 무릎 어디든) 이상이 생기면, 그곳의 세포는 '프로스타글란딘'이라는 화학물질을 생산합니다. 이때 신경세포는 그 물질이 생겨난 것을 뇌에 알리기 때문에 그 자리에 통증을 느끼게 됩니다.

통증을 없애느라 약을 먹으면 위장에서 흡수되어 혈관으로 들어간 뒤 온몸으로 퍼지게 됩니다. 통증이 있는 세포에 도달한 약은 아픔을 느끼게 하는 프로스타글란딘을 만들지 못하게 합니다. 그러므로 뇌는 통증을 느끼지 않게 되지요. 통증을 없애거나 감소시켜주는 이런 약을 진통제라 부릅니다.

진통제에는 여러 종류가 있으며, 의사의 지시에 따라 적절히 사용해야 합니다.

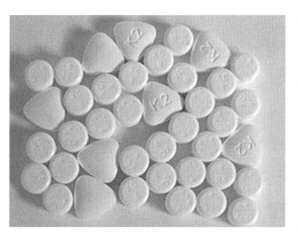

사진 174.
통증을 없애주는 약을 진통제라 부릅니다.

질문 175. 감기는 왜 환절기에 잘 걸리나요?

　감기는 겨울철에 잘 유행하기 때문에 많은 사람들은 겨울 추위가 감기의 원인이라고 생각합니다. 그러나 감기에 걸리는 것은 감기 바이러스가 몸에 들어와 코에서부터 기관지에 염증을 일으킨 때문입니다. 감기에 걸리면 코막힘, 콧물, 기침, 가래, 두통, 고열, 근육 통증(쑤심), 무기력 등 여러 가지 증상이 나타납니다.

　감기를 일으키는 바이러스의 종류는 여러 가지 알려져 있습니다. 만일 악성 감기 바이러스가 침입했다면 증세가 더 심하게 되지요. 감기를 제때 잘 치료하지 못하거나, 무리를 계속하거나 하면 감기는 악화되어 폐렴을 일으킵니다.

　감기 바이러스는 150종 이상 알려져 있습니다. 이들은 계절에 관계없이 인체에 들어와 염증을 일으킬 수 있습니다. 오히려 기온이 아주 낮은 남극이나 북극에서는 바이러스가 살지 못하기 때문에, 그곳 주민들은 감기에 걸리지 않기도 한답니다.

　감기 바이러스는 우리 몸이 많이 지쳐 있거나, 다른 병으로 인하여 바이러스에 대한 면역력이 약해졌을 때 잘 걸립니다. 면역이란 병균을 물리치도록 준비된 우리 몸의 방어기구입니다. 겨울이 끝나고 봄이 시작될 즈음이나, 겨울이 시작되는 계절은 공기가 건조합니다. 공기가 건조하면 코와 기관지의 점막이 상하기 쉽습니다. 기관지나 점막에 이상이 생기면 감기 바이러스가 잘 침입하지요. 기관지가 약한 사람은 독성이 있는 화학물질을 잠시 호흡해도 점막이 상하여 감기에 걸리기도 합니다.

감기가 오면 휴식하고 안정을 취하면서 영양 섭취를 잘 하면 대개 일주일 후에는 저절로 났습니다. 이것은 그 사이 몸의 면역력이 강화되어 바이러스를 퇴치(백혈구 등이 바이러스를 죽임)한 결과입니다.

질문 176. 사람이 활동하는데 필요한 에너지란 무엇을 말합니까?

에너지란 차를 움직이거나, 근육이 활동할 수 있도록 해주는 힘을 말합니다. 에너지는 운동을 담당한 근육세포만 아니라, 감각을 느끼고 전달하는 신경세포, 몸의 온갖 활동을 조종하면서 기억하고 생각하는 뇌세포를 포함한 모든 세포에게 필요합니다.

자동차의 에너지는 휘발유와 같은 연료에서 나오고, 세포가 활동하는데 쓰는 에너지는 음식물에서 얻고 있습니다. 탄수화물, 단백질, 지방질 같은 영양소가 세포 속에서 화학반응이 일어나 분해될 때 에너지가 나옵니다. 이 때는 세포의 에너지만 아니라 몸을 따뜻하게 하는 체온도 생겨납니다.

질문 177. 갈증이 심하여 물을 마시거나, 배가 고파 음식을 먹으면, 금방 갈증이나 시장기가 사라지는 이유는 무엇입니까?

물을 꿀꺽꿀꺽 실컷 마시면 곧 갈증이 사라집니다. 그러면 그 사이에 벌써 물이 혈액 속으로 들어갔을까요? 아닙니다. 물을 마시자마자 갈증이 사라지는 이유는 확실하지 않습니다. 물이 목구멍을 지나가는 순간 벌써 갈증이 사라지니까요.

갈증만 아니라 배고픔도 마찬가지입니다. 시장기를 느끼고 음식을 먹기 시작하면, 아직 소화가 되지도 않았는데 공복감이 없어집니다. 이것은 음식을 먹으면 곧 위 점막에서 소화액이 분비되므로, 그것이 공복감이 사라지도록 하는 자극이 된다고 생각하지요.

사진 178.
고양이는 털에 물이 젖는 것을 싫어할뿐 그들도 물을 먹어야 합니다.

질문 178. 엔도르핀이란 무엇입니까?

양귀비라는 식물에서 추출한 모르핀은 뇌신경을 마비시켜 고통을 없애주는 진통제(마약)로 유명합니다. 모르핀은 일정한 시간 동안 좋은 기분을 느끼고, 아픔을 감소시키며, 안도감을 느끼도록 합니다. 사람의 뇌에서도 모르핀처럼 고통을 잊게 하는 '엔도르핀'이라 부르는 화학물질이 생산되고 있습니다.

부상을 입었을 때, 경우에 따라 아픔의 정도를 다르게 느낀다는 것을 우리는 알고 있습니다. 링에서 싸우는 권투선수는 심하게 타격을 당해도 아픔을 잘 느끼지 않고 시합을 계속합니다. 전투 중에 어떤 병사는 팔에 총상을 입은 것을 한참 후에야 발견하기도 합니다. 아픔을 잘 모르는 이러한 현상은, 감정이 극도의 상태에 있을 때 주로 나타납니다.

엔도르핀(endorphin)이라는 영어는 'endogenous'라는 말과 'morphine'(몸 안에서 나오는 마약)이란 말을 합친 것입니다. 엔도르핀은 기분이 좋을 때 생겨나는 것이 아니라, 생겨났기 때문에 일시적으로 좋은 기분이 되는 것입니다. 이 물질은 극단적인 사고나 위험 또는 스트레스를 받았을 때 생겨납니다.

질문 179. 오줌은 왜 생기나요?

　혈액은 그 속에 영양분과 산소를 담아 온몸의 세포에 전달합니다. 각 세포에서 영양분이 분해되고 나면 찌꺼기(노폐물)가 남게 되고, 이 노폐물은 혈액을 따라 허리 부분 양쪽에 있는 2개의 신장으로 갑니다. 신장에는 노폐물을 걸러내는 필터가 있습니다. 신장에서 노폐물을 걸러낼 때 혈액 속에 포함된 여분의 수분도 함께 빠져 나와 오줌이 됩니다.

　신장에서 만들어진 오줌은 방광이라는 주머니에 얼마 동안 담겨 있습니다. 방광에 오줌이 1컵 정도 모여 주머니가 무거워지면, 신경이 뇌를 자극하여 소변이 보고 싶은 반응(요의)이 생기도록 합니다.

　의사는 오줌을 검사(소변검사)하는 방법으로 몸에 있는 여러 가지 질병과 이상 상태를 알아낼 수 있습니다. 소변검사는 잠자는 동안 농축된 새벽의 오줌이 검사에 적당합니다.

　만일 신장에 이상이 있으면, 몸 안의 노폐물을 걸러내지 못해 생명이 위험해집니다. 신장이 악화된 사람은 병원에서 인공신장을 사용하여 노폐물을 제거하는데, 이를 '투석'이라 합니다.

질문 180. 잠자다 오줌을 싸는 야뇨증의 원인은 무엇입니까?

잠자는 동안 방광이 가득해지면, 뇌는 방광을 비우라는 명령을 내립니다. 그러면 잠에서 깨어 화장실을 갑니다. 그러나 방광이나 중추신경에 장애가 있으면 야뇨증이 발생합니다.

야뇨증은 5~6세 이후에는 대부분 없어집니다. 어릴 때의 야뇨증은 소변을 조절하는 근육(방광괄약근)과 신경이 충분히 발달하지 않았기 때문에 생깁니다. 드물게 성인이 되어도 야뇨증을 보이는 사람이 있습니다. 그 이유는 확실하지 않습니다. 그럴 경우에는 의사의 진단을 받아 치료합니다.

야뇨증 어린이에게 야단을 치고 벌을 주는 일은 도움이 되지 않습니다. 저녁을 적게 먹고, 저녁 6시 이후에는 물이나 음료수를 마시지 않도록 하며, 밤중에 알람시계가 울도록 하여 미리 화장실을 가게 하면 야뇨를 줄일 수 있습니다.

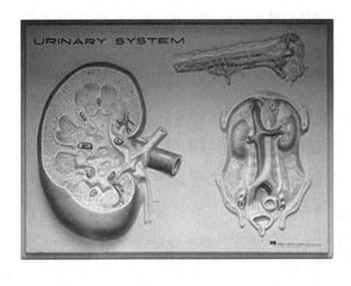

사진 180.
오줌을 만드는 신장(콩팥)의 해부 모형입니다.

질문 181. 줄기세포란 무엇인가요?

동물이든 식물이든 처음에는 수정된 1개의 난세포가 쪼개지기(분열) 시작하여 차츰 완전한 생물체를 만들게 됩니다. 난세포는 2개로 나뉘고 다시 분열하면서 2, 4, 8, 16, 32 ·····개로 늘어납니다. 난세포가 일정한 수만큼 분열하면 조금씩 복잡한 조직을 만들기 시작하는데, 이런 과정을 '발생'이라 합니다. 어미 몸속의 새끼는 모두 이러한 발생과정을 거칩니다.

인간의 난세포가 분열을 거듭하여 발생을 시작하면 머리와 몸통과 사지가 생겨나고, 머리에서는 눈과 귀, 코, 입을 비롯하여 뇌가 발생합니다. 또한 몸통에는 온갖 내장이 생기고 뼈대도 형성됩니다. 이렇게 하여 나중에는 심장, 위와 장, 폐, 눈, 이빨, 팔다리, 뇌, 신경, 혈관 등 복잡한 인체의 조직을 모두 갖춘 완전한 인간이 됩니다.

난세포는 이처럼 분열을 거듭하여 어떤 조직으로라도 발전할 수 있는 가능성을 가지고 있습니다. 그러나 일단 피부, 눈, 간, 뼈, 뇌, 신경 등 일정한 조직으로 발생을 시작했거나 발생과정이 끝난 세포는 다른 조직의 세포를 만들 수 없게 됩니다.

줄기세포란 난세포처럼 다른 여러 가지 조직의 세포로 발생할 수 있는 능력을 가진 특별한 세포입니다. 만일 이런 줄기세포가 있다면, 과학자들은 그 줄기세포를 이용하여 병든 장기나 뼈, 뇌조직 등을 재생할 수 있을 것이라고 생각합니다. 그래서 최근 과학자들은 인간의 조직을 재생할 수 있는 줄기세포를 배양하는 방법을 경쟁적으로 연구하고 있습니다.

찾 아 보 기